服饰品
设计与制作

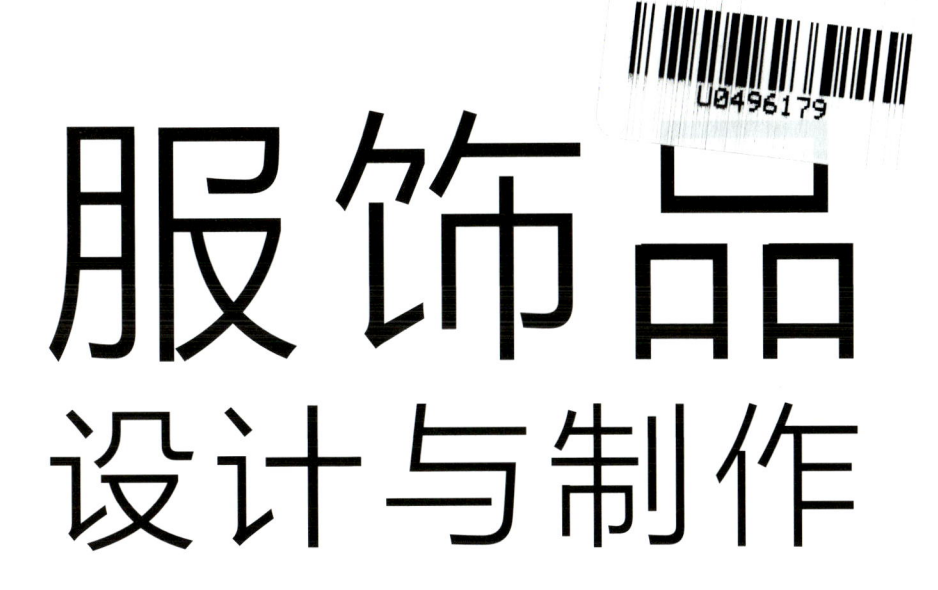

第2版

主　编　祖秀霞　徐曼曼
副主编　邓丹凤　刘雪姿　陈显耀　潘　杨
参　编　高晓燕　邓鹏举　张培武　孙文娴
　　　　李嘉斌

北京理工大学出版社
BEIJING INSTITUTE OF TECHNOLOGY PRESS

内 容 提 要

本书为"十四五"职业教育国家规划教材·修订版。全书从实用、适用的角度出发，系统地介绍了服饰品设计与制作的基础知识、设计方法、设计与制作要领。本着突出重点、强化动手实践的原则，讲述了首饰、帽子、包袋、鞋子、手套以及胸针的设计及制作方法。

本书可作为高等职业教育服装类专业教材，也可作为服装及服饰品设计爱好者的参考用书。

版权专有 侵权必究

图书在版编目（CIP）数据

服饰品设计与制作 / 祖秀霞，徐曼曼主编. -- 2版. -- 北京：北京理工大学出版社，2024.4
ISBN 978-7-5763-3839-3

Ⅰ.①服… Ⅱ.①祖… ②徐… Ⅲ.①服饰－设计－高等学校－教材 ②服饰－制作－高等学校－教材 Ⅳ.①TS941.2

中国国家版本馆CIP数据核字（2024）第081791号

责任编辑：江 立	文案编辑：江 立
责任校对：周瑞红	责任印制：王美丽

出版发行 / 北京理工大学出版社有限责任公司
社　　址 / 北京市丰台区四合庄路6号
邮　　编 / 100070
电　　话 /（010）68914026（教材售后服务热线）
　　　　　（010）68944437（课件资源服务热线）
网　　址 / http：//www.bitpress.com.cn
版 印 次 / 2024年4月第2版第1次印刷
印　　刷 / 河北鑫彩博图印刷有限公司
开　　本 / 889 mm×1194 mm　1/16
印　　张 / 6.5
字　　数 / 184千字
定　　价 / 89.00元

图书出现印装质量问题，请拨打售后服务热线，负责调换

前言

服饰品是围绕服装进行的配套设计，服饰品的每个类别既可以以单独的形式存在，又可融合到服饰的整体造型之中，搭配组合形成完整和谐的视觉形象。随着人们生活水平和服饰品生产技术的不断提高，服饰品在人与自然的交融中逐渐发展与成熟。在实际应用的基础上，人们越来越注重审美，使服饰品在造型、色彩、材质、装饰工艺等方面不断完善，日趋完美。

目前国内服装类专业的院校都陆续开设了"服饰品设计与制作"课程，在原来单一的服饰配件设计与制作课程的基础上进行创新和改革。本书作为服装类专业的教材，从人才培养方向出发，较为全面地梳理每个环节的创作与制作的典型案例，注重理论研究与实践操作的结合，图文并茂，并配有二维码资源，扫码即可观看相关的配套资源，参考性和实用性强，有助于读者更全面地了解学科相关知识。

党的二十大报告指出，要"推进文化自信自强，铸就社会主义文化新辉煌"；要"统筹职业教育、高等教育、继续教育协同创新，推进职普融通、产教融合、科教融汇，优化职业教育类型定位"。根据二十大精神指引，本书这次修订深度挖掘各个项目的思政元素，每个项目以知识目标、能力目标、素养目标的形式阐明项目的重要内容，引导读者对相关知识进行梳理和总结，使教材更加详细透彻，表述更加明确。通过课后思考及习题激发学生学习的兴趣，活跃思维，巩固课堂知识，提升实践能力。同时增加了实操类微课视频资源，便于学生观摩学习，掌握实操技能。修订后的教材，不但能使学生学知识、习技能，还能培养学生家国情怀，提升文化素养和道德修养，传承和弘扬中华优秀传统文化，践行工匠精神等。

为了使本书的案例更实用、更专业，应用更广泛，除了邀请全国多家院校的老师参与编写外，还邀请了企业一线的技术人员进行指导。全书共有五个项目，项目一由潘杨和祖秀霞编写；项目二由邓鹏举和邓丹凤编写；项目三由祖秀霞和刘雪姿编写；项目四由祖秀霞、高晓燕和陈显耀编写；项目五由孙文娴、李嘉斌编写；祖秀霞、徐曼曼负责电子资源制作及后期整理；徐曼曼负责全书的多次改版、修订及微课的录制和制作；李敏、王雪梅、吴忠正、吴耀行为本书进行了作品绘画，曲侠、韩英波、何志翔为本书提供了图片素材；张培武负责Style3D两个案例的制作。

由于编者水平有限，书中难免会存在疏漏之处，恳请专家和同行批评指正。

编 者

本书配套数字资源清单

序号	项目	任务	小序号	数字资源	资源形式
1	项目一	任务一 项饰设计与表现	1-1	首饰设计概述	PPT
2			1-2	项饰实物欣赏	图片
3			1-3	项饰款式设计效果图	图片
4			1-4	吊坠款式设计效果图	图片
5		任务二 戒指设计与表现	1-5	戒指实物欣赏	图片
6			1-6	戒指款式设计效果图	图片
7		任务三 耳饰制作	1-7	耳环实物欣赏	图片
8			1-8	耳饰款式设计效果图	图片
9			1-9	饰品套装组合设计效果图	图片
10			1-10	胸针款式设计效果图	图片
11			1-11	腕表款式设计	图片
12		任务四 编结项链制作	1-12	纽扣结工艺	视频
13			1-13	平结工艺	视频
14			1-14	结尾工艺	视频
15			1-15	首饰设计实战案例	PDF
16	项目二	任务一 帽子的造型设计	2-1	帽子的概述	微课
17			2-2	帽子的造型设计	微课
18			2-3	帽子的分类	PPT
19			2-4	帽子的造型设计	PPT
20			2-5	帽子的分类	微课
21			2-6	帽子的造型设计图片欣赏	图片
22		任务二 帽子的装饰设计	2-7	帽子的造型设计要素分析	微课
23			2-8	帽子的装饰设计	PPT
24			2-9	帽子的装饰设计图片欣赏	图片
25		任务三 八片贝雷帽的制版与制作	2-10	八片贝雷帽	视频
26		任务四 平顶圆檐帽的制版与制作	2-11	平顶圆檐帽	视频
27			2-12	帽子作品	PDF
28		任务五 棒球帽的制版与制作	2-13	帽子制作——六片大头帽	视频
29			2-14	棒球帽设计实战案例	PDF
30			2-15	棒球帽Style3D制作	微课
31	项目三	任务一 包袋的外轮廓造型设计	3-1	箱包概述	PPT
32			3-2	箱包的分类	微课
33			3-3	包袋的造型设计	PPT
34			3-4	箱包的造型设计图片欣赏	图片
35			3-5	箱包的造型设计	微课
36			3-6	箱包的外轮廓造型设计	微课
37		任务二 包装袋的装饰设计	3-7	箱包的装饰设计	微课
38			3-8	箱包的装饰设计	PPT
39			3-9	箱包的装饰设计图片欣赏	图片
40		任务五 手提包袋的设计与制作	3-10	手提包	视频
41			3-11	单肩包款式设计效果图	图片
42			3-12	手拎包款式设计效果图	图片
43			3-13	双肩包款式设计效果图	图片
44			3-14	箱包款式设计效果图	图片
45			3-15	斜挎包款式设计效果图	图片
46			3-16	腰包、胸包款式设计效果图	图片
47			3-17	箱包设计实战案例	PDF

续表

序号	项目	任务	小序号	数字资源	资源形式
48	项目四	任务一 鞋子的造型设计	4-1	鞋子的造型设计	微课
49			4-2	鞋子概述	PPT
50			4-3	鞋子的款式设计	PPT
51			4-4	鞋子的造型设计图片	图片
52		任务二 鞋子的装饰设计	4-5	鞋子的装饰设计	微课
53			4-6	鞋子的装饰设计	PPT
54			4-7	鞋子的装饰设计图片欣赏	图片
55		任务三 浅口鞋及变化款型的制版与制作	4-8	鞋子的款式设计	微课
56			4-9	高跟鞋款式设计效果图	图片
57			4-10	时装鞋款式设计效果图	图片
58			4-11	休闲鞋款式设计效果图	图片
59			4-12	运动鞋款式设计效果图	图片
60			4-13	靴子款式设计效果图	图片
61			4-14	男鞋款式设计效果图	图片
62			4-15	儿童鞋款式设计效果图	图片
63			4-16	鞋靴设计实战案例	PDF
64	项目五	任务一 手套的制作	5-1	服饰品与服装的搭配	PPT
65		任务二 水母胸针的制作	5-2	水母胸针的制作	视频
66		任务三 缠花胸针的制作	5-3	缠花工艺	视频
67			5-4	缠花胸针的制作	视频
			5-5	海浪耳环的制作	视频
68			5-6	其他服饰品作品	PDF

目录

项目一　首饰 \\ 001

任务一　项饰设计与表现 \\ 002
任务二　戒指设计与表现 \\ 004
任务三　耳饰制作 \\ 006
任务四　编结项链制作 \\ 009

项目二　帽子 \\ 012

任务一　帽子的造型设计 \\ 013
任务二　帽子的装饰设计 \\ 015
任务三　八片贝雷帽的制版与制作 \\ 016
任务四　平顶圆檐帽的制版与制作 \\ 021
任务五　棒球帽的制版与制作 \\ 028

项目三　包袋 \\ 037

任务一　包袋的外轮廓造型设计 \\ 038
任务二　包袋的装饰设计 \\ 040
任务三　化妆包袋的设计与制作 \\ 043
任务四　水桶包袋的设计与制作 \\ 051
任务五　手提包袋的设计与制作 \\ 060

项目四　鞋子 \\ 070

任务一　鞋子的造型设计 \\ 071
任务二　鞋子的装饰设计 \\ 073
任务三　浅口鞋及变化款型的制版与制作 \\ 074

项目五　其他服饰品 \\ 087

任务一　手套的制作 \\ 088
任务二　水母胸针的制作 \\ 091
任务三　缠花胸针的制作 \\ 094

参考文献 \\ 098

项目一
首饰

知识目标

1. 掌握常见首饰设计与制作相关的理论知识；
2. 了解首饰设计的新理念、新材料、新工艺等；
3. 掌握首饰设计中各元素的运用及主要表现手法。

能力目标

1. 运用各种首饰设计的技艺，独立完成首饰的设计与制作，掌握操作技能；
2. 能充分结合文化特色、流行趋势、原料设备等，实现创新思维与技艺能力的完美结合，进行产品设计构思和实践；
3. 能运用计算机辅助设计软件进行产品款式设计及表现。

素养目标

1. 培养学生刻苦专研、精益求精的大国工匠精神；
2. 激发学生传承中华传统文化的信心，传承中华优秀传统文化，勇于承担弘扬传统文化的使命；
3. 将非遗"编结"引入课堂，传承中华优秀传统的经典技艺，对隐藏在非遗背后的文化内涵进行解读，培养学生将中华文化的精髓融入现代时尚的设计理念中，进行创造性与创新性的设计与运用，实现创新能力的培养。

首饰，原指戴在头上的装饰品，现在泛指佩戴在身上的饰物，包括头饰、耳饰、颈饰、腕饰、腰饰等。随着历史的发展，首饰的材料、技术性的变化也越来越丰富。

首饰设计概述

任务一　项饰设计与表现

项饰是戴在脖子上的饰品，也是最早出现和最为常见的首饰之一。就项饰设计而言，先要了解项饰的结构与组织形式。女款项链的长度一般为 40 cm、46 cm、50 cm 等，男款项链的长度一般为 45 cm、50 cm 和 60 cm。

一、项饰设计思路

（1）明确客户需求，根据佩戴场合、预算金额、个人喜好等相关因素进行设计。如果是定制款式，要提前了解客户所提供的贵重宝石材料，然后根据原材料再进行创意设计。

（2）将构成的知识运用在创意设计的过程中。

（3）在设计时追求高品质，拥有耐心与恒心，在设计过程中每一细节都给予重视，精益求精、勇于创新。

二、项饰的设计表达

（1）在起稿阶段，要注意画面的整体结构，根据设计思路和想法就所表现的材质确定颜色搭配，明确镶石的位置、种类与工艺。在起稿时，还要注意造型的完整性，不仅要胸有成竹，还要就工艺、材料等娴熟于心，同时填充颜色不要出边框，如图 1-1-1 和图 1-1-2 所示。

图 1-1-1 　　　　　　　　　　图 1-1-2

（2）要注意所表现的材料是金属还是宝石或其他材料，不同的材料所运用的表现方法也不尽相同。如图 1-1-3 所示为宝石材料，就要注意表现材料的质感与光感。金属、宝石、珐琅等不同材料其质感表现是有差别的，金属材料对比强烈，宝石材料具有鲜艳的色彩，珐琅材料则具有玻璃光感，在设计时可以运用不同的绘画材料来加以表现。

（3）就宝石材料来说，需要细致描绘宝石的折射和反射所形成的视觉效果，这是表现的重点和关键。同时也要注意应重点描绘宝石材料中的主石，配石的细节可以相应简略些，做到主次分明，层次清晰，这是表现好设计效果图的小窍门，如图 1-1-4 所示。

图 1-1-3

图 1-1-4

（4）着手描绘项饰的金属部分，要注意色调的整体性、立体感等。描绘金属部分要注意金属表面的肌理表现，因为在实际制作中常有喷砂、坑面、拉砂等效果，但还是抛光面居多，如图 1-1-5 所示。

（5）适当调整画面的整体效果，注意不同材质的表现，并逐步完善整体画面，如图 1-1-6 所示。

（6）完成整体画面，特别要注意高光部分的变化，如图 1-1-7 所示。

当创意设计稿完成后需要交给工艺师进行制作，最后形成完整的产品。设计图在画好时往往只是一个效果图，还需要绘制工艺图、标注好尺寸、备注工艺说明等，以便于工艺师完成制作，如图 1-1-8 所示。

图 1-1-5

图 1-1-6

图 1-1-7

图 1-1-8

项饰实物欣赏

项饰款式设计效果图

吊坠款式设计效果图

任务二 戒指设计与表现

戒指是首饰设计中最常见的产品，它在所有销售的首饰中占到了六七成的比例，在学习首饰设计的过程中尤其要重视戒指的设计，特别要注重对其结构的理解。

圆形宝石戒指是最常见、最普通也最容易理解的首饰，本任务以常见圆形宝石戒指为例，解析戒指不同视图的表现，帮助我们学习理解工艺图。

设计圆形宝石戒指的步骤如下：

（1）画出十字定线。在中心位置画出直径为 7 mm 圆形宝石，在横轴上确定戒指的宽度 22 mm 并标记好。要注意辅助线和记号尽量画得轻一些，因为后面画完，这些辅助线和记号需要擦掉，如图 1-2-1 所示。

（2）定出戒指高度，借助工具画出弧面型戒面，要保持线条流畅和对称，如图 1-2-2 所示。

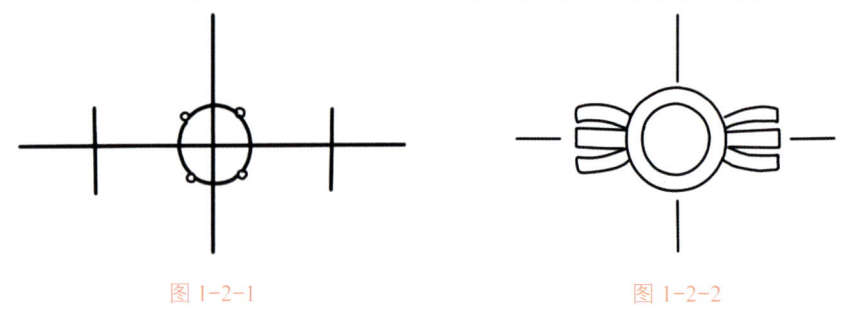

图 1-2-1

图 1-2-2

（3）画出主石和配石的刻面和镶嵌方式，要特别注意钉镶和爪镶，如图 1-2-3 所示。

（4）假设戒指指圈尺寸为 15 号，画出戒圈直径大小为 17.5 mm，并根据主石尺寸确定主石位置所需的合适高度，如图 1-2-4 所示。

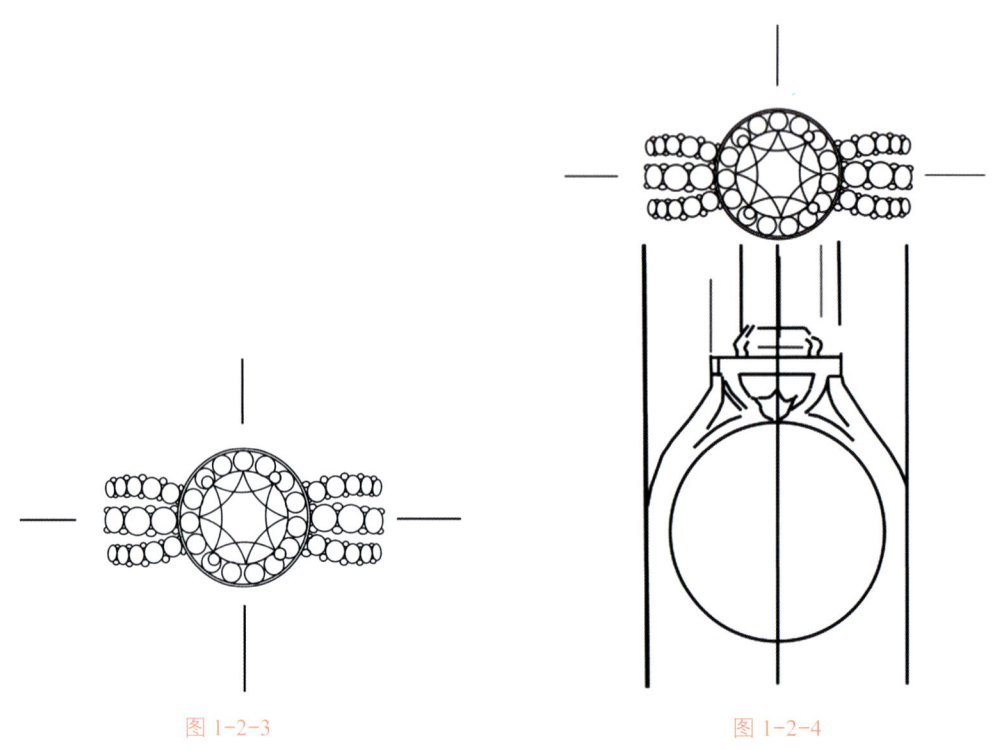

图 1-2-3

图 1-2-4

（5）根据正视图，向下延伸画出辅助线，首先确定戒指的宽度和厚度，画出戒圈厚度，在戒圈上部画出主石和配石，要注意遵守主石高于配石的原则，做到层次分明，最后画出戒肩的形状，如图 1-2-5 所示。

（6）根据侧视图，向右延伸画出水平辅助线，首先确定戒指的高度，然后根据正视图向右画出水平延伸的辅助线，再向下画出垂直的辅助线，确定戒指的宽度，最后完善戒指的侧视图，如图 1-2-6 所示。

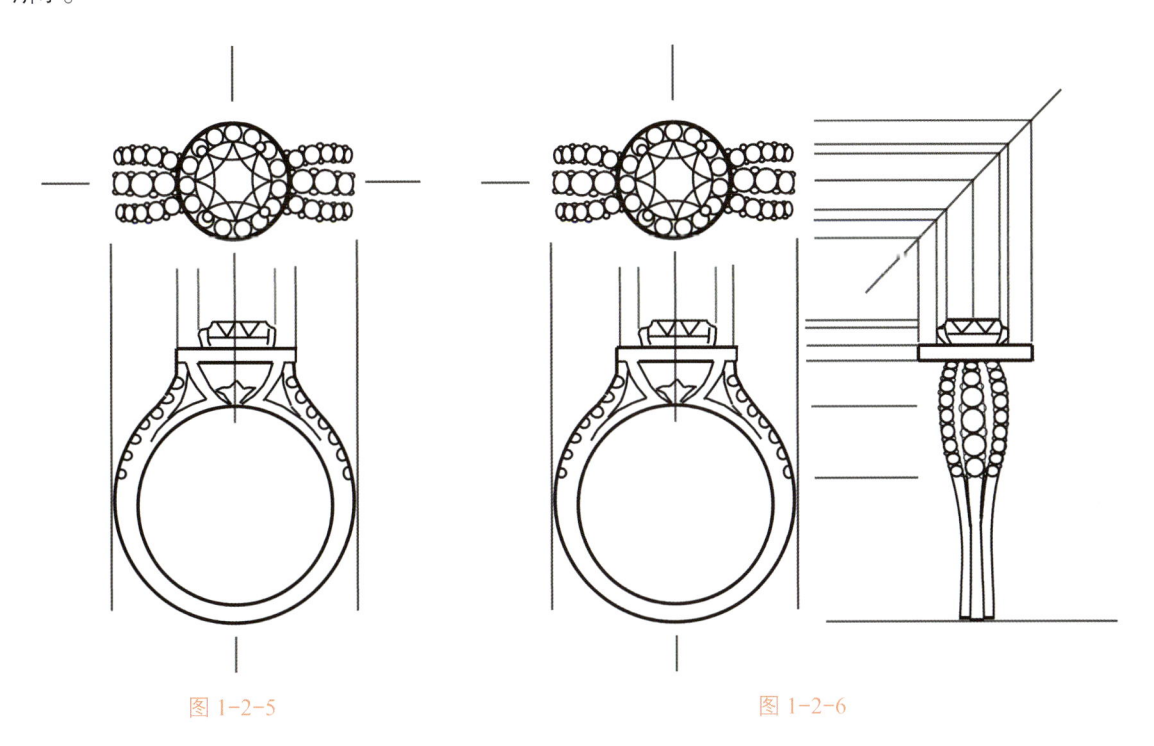

图 1-2-5

图 1-2-6

（7）擦掉辅助线，画出各视图上的阴影，调整各视图并做好尺寸、工艺、材料、大小等标注，如图 1-2-7 所示。

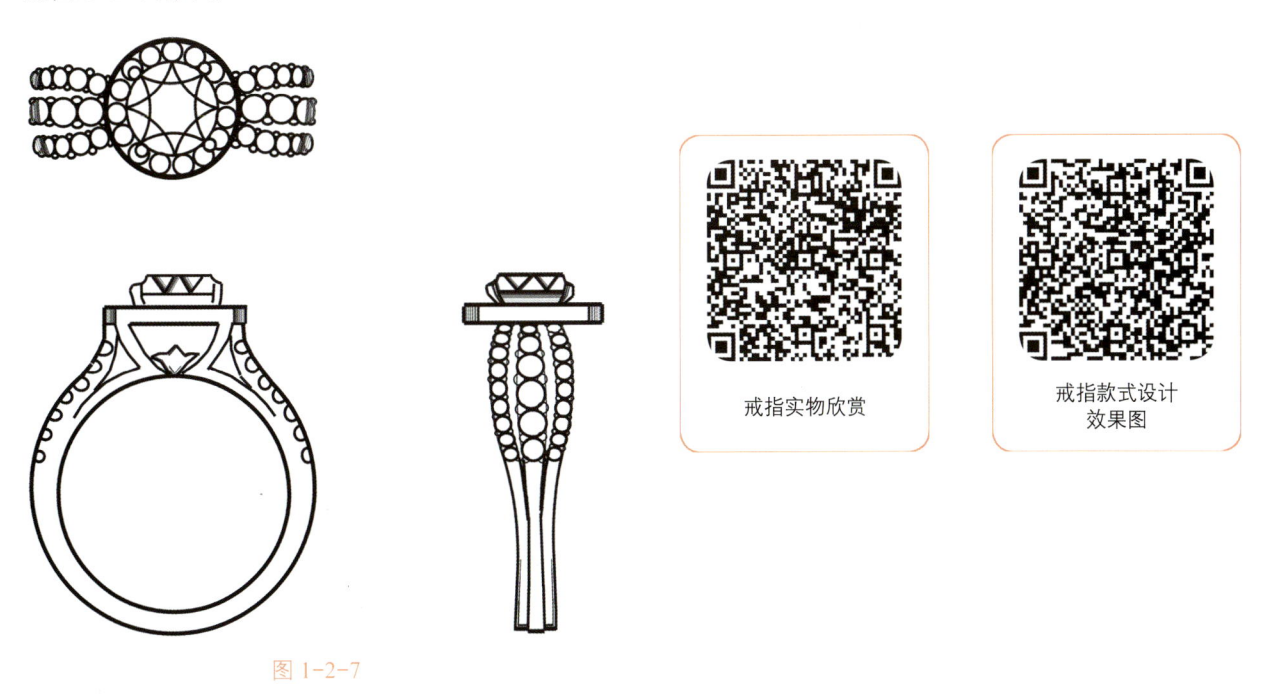

戒指实物欣赏

戒指款式设计效果图

图 1-2-7

任务三　耳饰制作

耳饰部分的制作需要让学生了解和认识制作工具，且感知不同材料的特性与制作方法。如金属材料可以采用锻造、铸造的方式，木质材料可以采用锉修、雕刻等方式。不同的材料所运用的方法均有所不同，但终归是一种造型的手段与工艺，是以装饰人体为目的。

耳饰是应用于耳部的装饰品，其主要有耳饰主体结构和功能结构两大部分。其中，功能结构是耳饰与耳朵相连接的关键结构，本任务以简单的金属材质耳钉制作为例来讲解首饰制作的部分工艺。

一、准备材料与工具

常用的材料包括银片、拉线板、钳子、线锯、锉、砂纸等（图1-3-1和图1-3-2）。当然，如果是制作复杂的耳饰，那就需要在专业的工作室中进行。

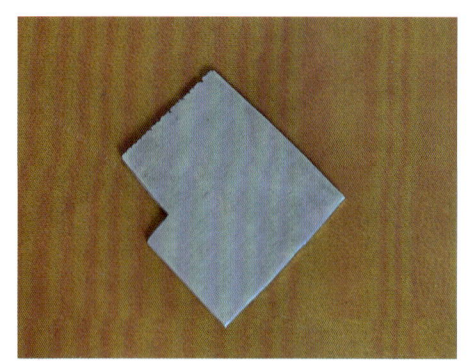

图1-3-1　　　　　　　　　　图1-3-2

二、制作步骤

（1）将绘制好的图纸贴在银片上，按样式用线锯切割下来，要注意切割过程中需要保持锯切边线的流畅度。在安装锯条时要注意锯齿的方向朝下，用力要匀，手不要抓得太死，锯条与银片的角度要垂直等（图1-3-3至图1-3-5）。

图1-3-3　　　　　　　图1-3-4　　　　　　　图1-3-5

（2）将切割下来的心形银片用锉进行修整，注意在修整过程中手法要均匀，要保持基本形状的一致性。可以将心形银片叠加起来用夹具夹好同时用锉进行修整，以保证形状的规范统一，达到美观的效果，如图 1-3-6 和图 1-3-7 所示。

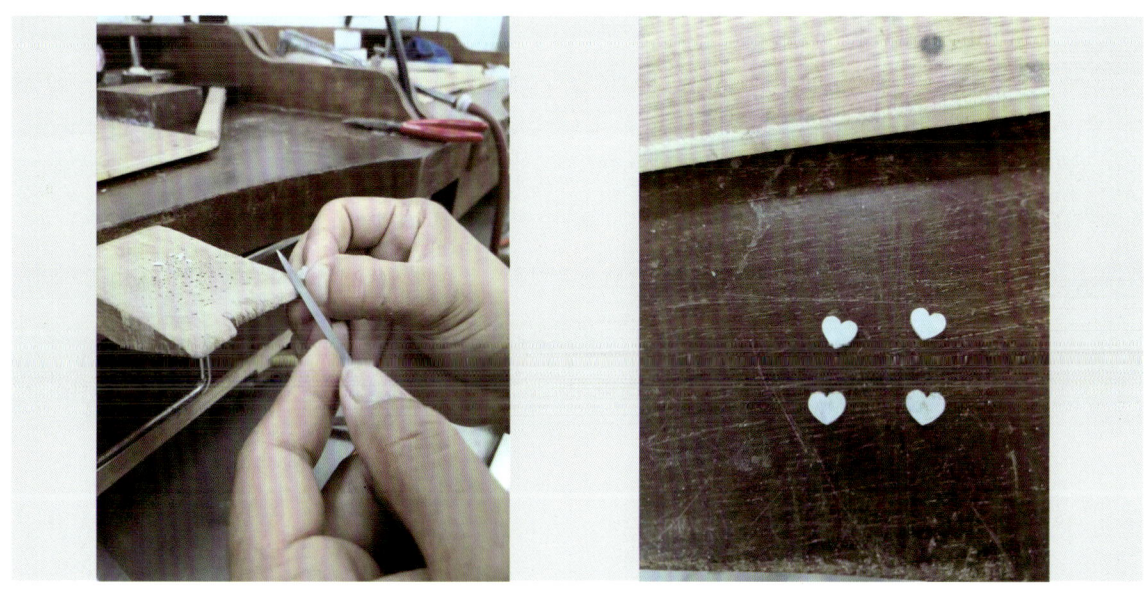

图 1-3-6　　　　　　　　　　　　　　图 1-3-7

（3）将银片用拉线板拉丝，由粗到细，直到银丝直径为 0.8 mm。拉丝时要在拉线板的孔里滴一滴润滑油，以保持拉线的流畅性。另外，在拉丝之前要将银丝做退火处理，这样更能将银丝拉好，如图 1-3-8 和图 1-3-9 所示。

图 1-3-8 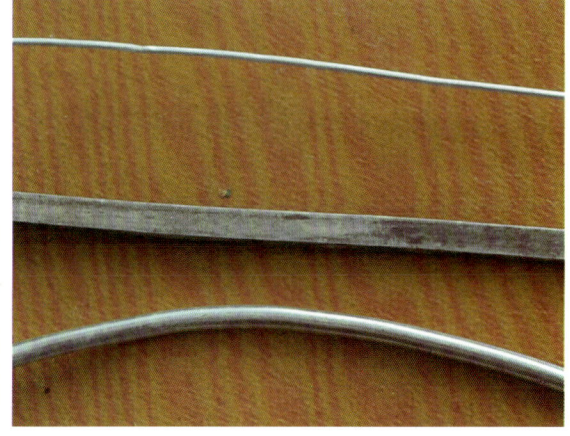　　　　　　　　　　　　　　图 1-3-9

（4）将心形银片拼接成设计的款式，截取长度大于 12 mm 的银丝两段，分别焊接好。在焊接过程中，要注意火焰的温度、焊点的位置、焊药的位置等，如图 1-3-10 至图 1-3-12 所示。

（5）将银丝保留最少 12 mm 用作耳针，并在距离末端 2 mm 处用钳子旋切出一道细纹，作为安装耳背的位置，然后用矾水煮一会儿，以便去除耳钉上的杂质，如图 1-3-13 和图 1-3-14 所示。

（6）取出后用红柄锉和油锉打磨平整，特别是要将正面进行打磨。用吸珠刀将耳针的末端打磨圆滑，打磨抛光后完成制作，如图 1-3-15 和图 1-3-16 所示。

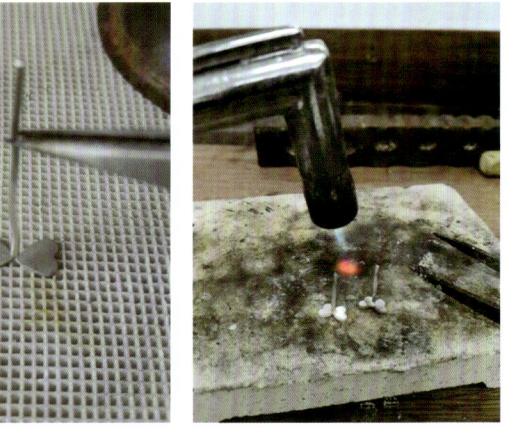

图 1-3-10　　　　　　　　　　图 1-3-11　　　　　　　　　　图 1-3-12

图 1-3-13　　　　　　　　　　　　　　图 1-3-14

图 1-3-15　　　　　　　　　　图 1-3-16

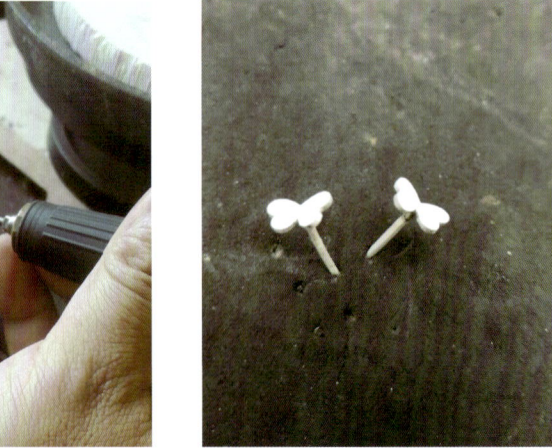

耳环实物欣赏

耳饰款式设计效果图　　　饰品套装组合设计效果图　　　胸针款式设计效果图　　　腕表款式设计

任务四　编结项链制作

　　结艺是中国特有的民间手工艺术，它以其独特的东方神韵、丰富多彩的变化，充分体现了中国人民的智慧和深厚的文化底蕴。它不但可以代表中国悠久的历史，更符合中国传统装饰的习俗和审美观念，深受大众的喜爱。

　　金属首饰由于受到环境、工具的限制，在制作过程中仍然具有一定的局限性，而编结工具、材料在市场中比较常见，无论编结项链款式组合多么复杂，基本编结技巧都大同小异。

一、材料、工具准备

　　打孔玉石一块、配珠1个、2 m的编结绳4根、镊子、打火机、剪刀、大头针。

二、制作步骤

　　（1）取两根编结绳穿过玉石的孔，双线打纽扣结固定，如图1-4-1所示。

　　（2）将中间两根编结绳并行穿过配珠孔，其余两根编结绳打纽扣结（注意调节线的松紧），如图1-4-2和图1-4-3所示。

图1-4-1　　　　　图1-4-2　　　　　图1-4-3

　　（3）在两边各加一根编结绳，如图1-4-4和图1-4-5所示。

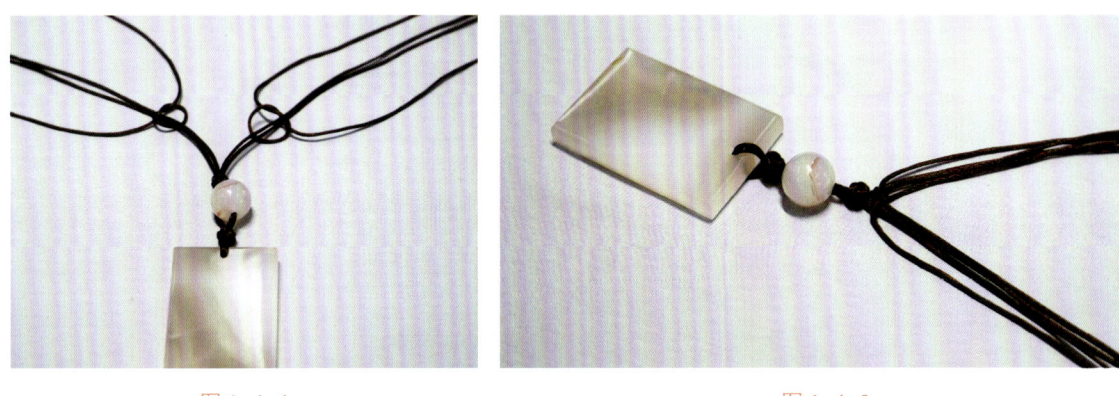

图1-4-4　　　　　图1-4-5

　　（4）左右两边依次分别打斜卷结，如图1-4-6至图1-4-9所示。

图 1-4-6

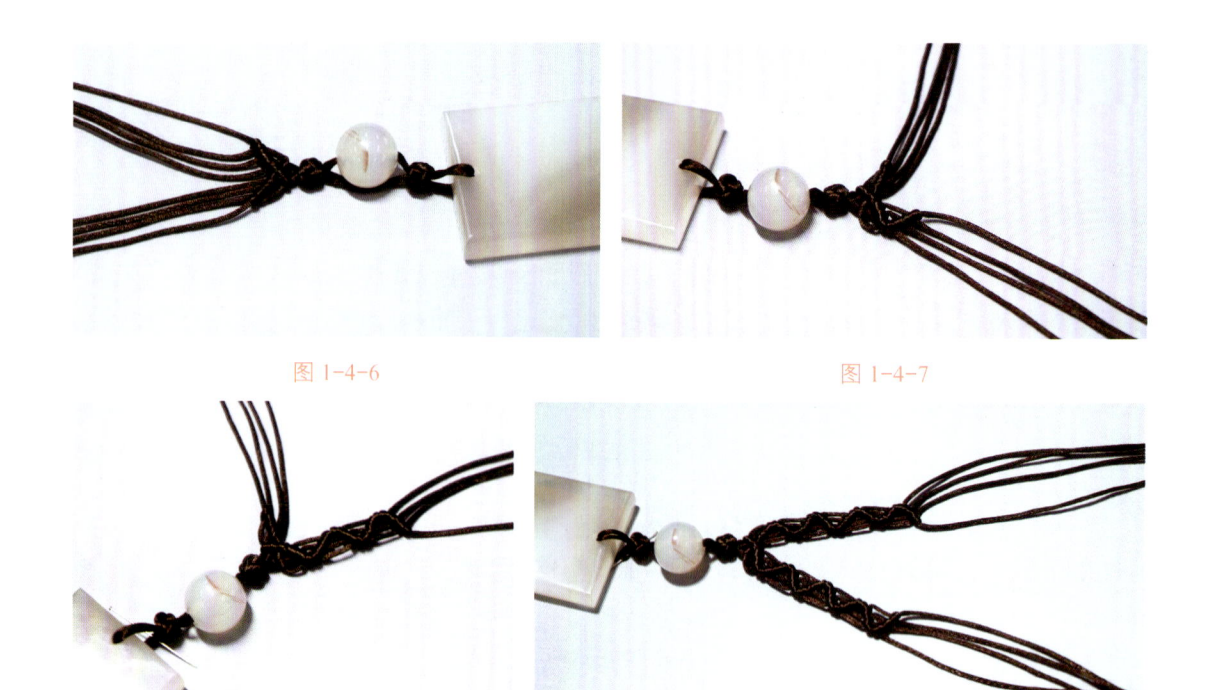

图 1-4-7

图 1-4-8

图 1-4-9

（5）左右两边各自打单向平结，编到自己喜欢的长度为止，如图 1-4-10 和图 1-4-11 所示。

图 1-4-10

图 1-4-11

（6）左右两边各自打一个纽扣结，之后，左右两边各剪掉一个线头，用打火机黏合一下，留下两根线头。

（7）接续打两个蛇结，如图 1-4-12 所示。

（8）左右线互搭打结，如图 1-4-13 所示。

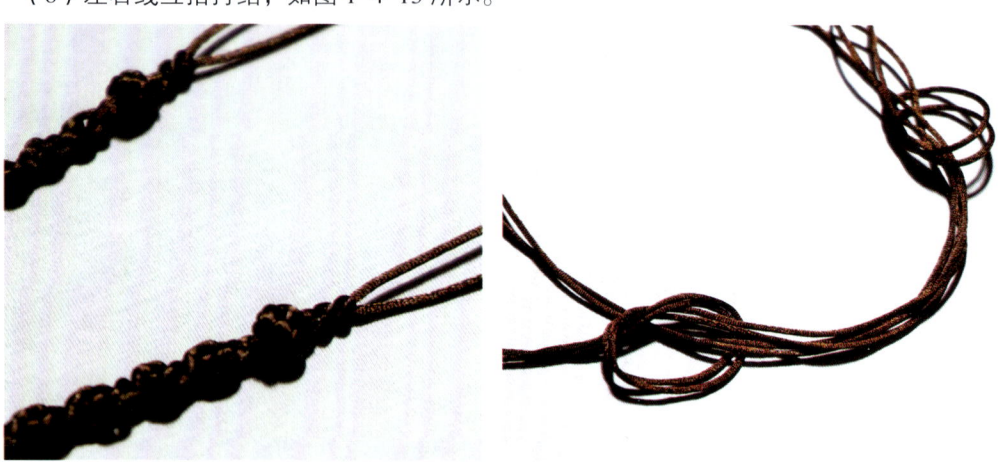

图 1-4-12

图 1-4-13

（9）在结尾调节长度并打秘鲁结，剪断后用打火机黏合，制作完成，如图1-4-14所示。

图 1-4-14

纽扣结工艺

平结工艺

结尾工艺

课后思考及习题

1. 查阅相关资料了解服饰品的发展演变过程；
2. 扫描二维码了解码学习首饰的定义、起源、分类及造型元素；
3. 扫描二维码欣赏项饰、戒指、编结饰品等首饰作品；
4. 搜集服饰品在现代服饰设计中的创新应用实例；
5. 设计一款首饰，比如头饰、颈饰、胸饰、耳饰、戒指、手镯、臂环、脚链、袖扣等不限，以"匠心与创新"为主题，用创意诠释中华文化的丰富内涵，作品突出创意性和实用性。

首饰设计实战案例

项目二 帽子

知识目标

1. 熟悉不同种类帽子的款式特点；
2. 理解帽子制版的原理，掌握制版的完整过程；
3. 掌握帽子设计与制作的流程、各环节及各部位的标准。

能力目标

1. 理解常见帽子结构设计的原理，能进行帽子的结构设计并制作完整、规范的帽子样板；
2. 独立按照款式图制作帽子，在完成任务的过程中培养发现问题、分析问题及解决问题的能力；
3. 能根据不同季节及面料的优缺点，掌握不同面料在帽子设计中的应用。

素养目标

1. 感受帽子之美，提高美育水平；
2. 树立"以人为本"的设计理念，满足人民日益增长的精神文化需求，创造更加具有可持续发展性的产品；
3. 培养学生创新设计能力及探索精神，具有知识产权保护意识。

帽子是一种戴在头部的服饰，可以覆盖头的整个顶部。帽子有遮阳、装饰、御寒、防护等作用。但随着生活水平的提高，人们对时尚的追求越来越强烈，帽子的装饰功能越来越凸显。

任务一　帽子的造型设计

帽子的设计就是对人的头部进行包装设计，表现为帽子在头部空间上的存在方式和形态上的结构关系，包括造型和装饰。与其他造型艺术一样，帽子的造型也离不开美学法则中的点、线、面、体等要素的组合，在设计的过程中需要提升审美素养，树立正确的审美观，陶冶高尚的道德情操、塑造美好的心灵。

一、帽顶的造型设计

帽子的顶部有平顶、圆顶、锥形以及尖角之分。帽顶的变形范围非常广泛，可紧贴头部、可蓬松塌陷。帽子还有软硬之分，如针织绒线编织的帽子及丝缎、裘皮等制作的帽子都比较软，可根据需要调整和变化造型，而通过模压和黏合等工艺处理的呢料、塑胶、铁丝等材质较硬，具有可塑性强的特点，如图 2-1-1 至图 2-1-4 所示。

图 2-1-1

图 2-1-2

图 2-1-3

图 2-1-4

二、帽檐的造型设计

帽檐有宽窄、曲直、翘度的不同变化，既可以做多层叠压或卷曲设计，也可以通过不对称变化来凸显个性，如图 2-1-5 至图 2-1-7 所示。

图 2-1-5　　　　　图 2-1-6　　　　　图 2-1-7

三、帽身的造型设计

帽身的造型往往通过帽墙、帽腰的设计体现。帽墙的高矮决定了帽子的高耸度，阔度决定了帽子的外形，多层可表现丰富感，单层则有简单明快感。帽腰的造型往往以带状设计为主，有宽有窄，宽者强调部位的中心地位，窄者则显得精巧，具有装饰性（图 2-1-8）。

帽子的造型设计

帽子的分类　　帽子的造型设计图片欣赏

图 2-1-8

任务二　帽子的装饰设计

帽子上的装饰品也是帽子设计的一部分，是帽子造型的重要手段，恰到好处的装饰不仅可以增加帽子的趣味性，而且可以作为统一元素使帽子与服装的整体风格相协调。帽子的装饰设计注重外形的塑造和点、线、面的应用，通过不对称的表现增加视觉冲击力，往往结合材料创造形态、肌理变化。当帽子款式趋于稳定时，色彩与材料的创新设计往往会给视觉带来直接冲击，一方面设计师可以通过新的技术、手段对材料进行合理的利用，将材料、工艺、技法不断翻新，使产品有千差万别之感，另一方面运用不同材料的并置获得新的视觉效果。

帽子的造型设计要素分析

一、实用性装饰设计

帽子的结构相对较为简单，当帽子款式趋于稳定时，其装饰设计就显得尤为重要，它不仅可以强调帽子的设计重点，还可以强化帽子的风格特色。因此帽子装饰设计能够打破设计的单调、僵化与传统模式，在打造个性的同时避免同质化竞争。

帽子的装饰设计惯用的手段是在帽顶或帽围上添上绢花、缎带、羽毛等，也可以用别针、纽扣等，既可以起到固定某一部分的作用，同时又具有一定的装饰功能。此外，帽子上还经常使用绒线球、流苏及铆钉、刺绣图案等元素作为装饰，以获得新奇的视觉感受，如图2-2-1和图2-2-2所示。

图 2-2-1 　　　　　　　　　　图 2-2-2

二、创意性装饰设计

创意性装饰设计的理念是"存在的都是合理的"，是后现代艺术设计的主张，它以反传统、反主流的设计强调奇异特性，以满足人们的猎奇心理。

这类设计偏离了实用主义的形式美感，以超现实主义造型手法表现戏剧感与夸张感。帽子设计往往借鉴的是舞台设计风格，以荒诞、非逻辑型的装饰设计为主，常给人带来离经叛道，甚至是荒谬、无理的造型视觉效果，如图2-2-3和图2-2-4所示。

图 2-2-3　　　　　　　　　　　　　　　　图 2-2-4

三、色彩的装饰设计

帽子的色彩设计从某种意义上来说更加重要，因为色彩对人的感官刺激要远远大于造型。在设计的过程中要正确把握帽子的色彩配置、整体服装色彩与人体肤色三者之间的搭配关系。

1．实用主义色彩设计

在色彩设计中要重视消费者的感受，把握实用性和舒适性，要从服装的整体出发，考虑环境色彩的整体氛围。

2．超现实主义色彩设计

超现实主义色彩的装饰设计往往借鉴舞台设计的风格，具有戏剧感与夸张感。例如，简单地点缀上鲜艳的羽毛，舞动之中透着一丝诱惑。

3．叛逆的色彩设计

叛逆的色彩设计背弃了常规下对帽子色彩的理解，融入反叛的思维理念，设计思维更加荒诞、狂放不羁、出乎意料，其设计风格或风趣，或俏皮，或朋克，往往以帽子顶部的设计为表现重点。

帽子的装饰设计

帽子的装饰设计图片欣赏

任务三　八片贝雷帽的制版与制作

贝雷帽是一种无檐软质制式帽子，通常供一些国家的别动队、特种部队和空降部队的人员使用。贝雷帽具有便于折叠、不怕挤压、容易携带、美观等优点。

一、测量头围

表 2-1 为儿童、女士和男士的测量头围。

表 2-1　儿童、女士和男士的测量头围　　　　　　　　　　　　单位：cm

儿童	女士	男士
52～54	56～58	60～62
注：测量头围时将食指放于头前正中处，作为松量。本款我们选用 57 cm 作为头围量		

二、八片贝雷帽纸样的制作

1．材料、工具准备

需要准备直尺、卷尺、量角器、剪刀、牛皮纸、弧形尺等。

2．纸样制作

（1）在八片拼接贝雷帽纸样上先将整圆 360° 平均分成 8 份，每份为 45°，用量角器画出其中一份，如图 2-3-1 所示。

（2）计算帽底口：57 cm（头围）÷8+1 cm（两侧各 0.5 cm 毛份）。规定帽深为 25 cm。

（3）设计纸版，纸版最宽应为 11.6 cm，根据设计要求也可稍做调整。从底口垂直向上量取 8 cm 取中心点，在中心点向两边各取 5.8 cm 作辅助点，如图 2-3-2 所示。

（4）用弧形尺画两侧的弧线。

（5）底口下落 0.5 cm，以两侧弧线和底口线成直角为准。

（6）剪纸样，如图 2-3-3 所示。

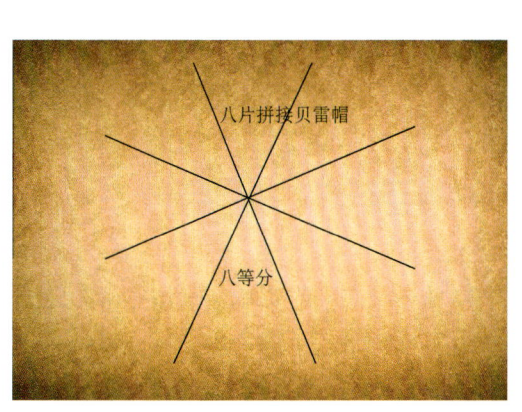

图 2-3-1 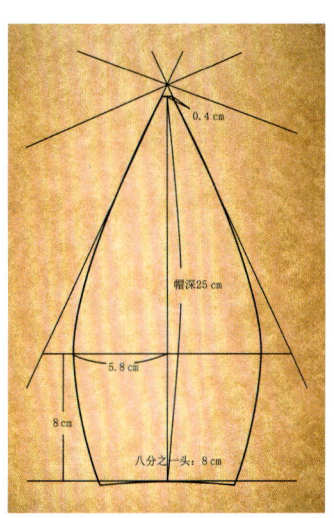　　　　　　　　　　图 2-3-2 　　　　　　　　　　图 2-3-3

三、八片贝雷帽的制作

1．材料、工具准备

（1）主料包括驼色毛呢，幅宽 150 cm，长 30 cm。

（2）辅料包括粘合衬：幅宽 125 cm，长 30 cm；落里布：幅宽 110 cm，长 30 cm；汗带：长 60 cm。还需要准备剪刀、配线、直尺、定规等工具。

2．烫衬布

在面料的反面粘上衬布，用热熨斗由中间向外慢慢压衬布，一边熨烫一边用手抚平，使衬布和面料完美贴合，不要出现褶皱和气泡。

3. 剪裁

（1）主布面料：需要剪裁8片帽头。因为是相同的样板，所以将熨烫好的面料对折裁剪更省时省力，如图2-3-4和图2-3-5所示。

图2-3-4

图2-3-5

（2）落里布：需要剪裁8片帽头，如图2-3-6和图2-3-7所示。

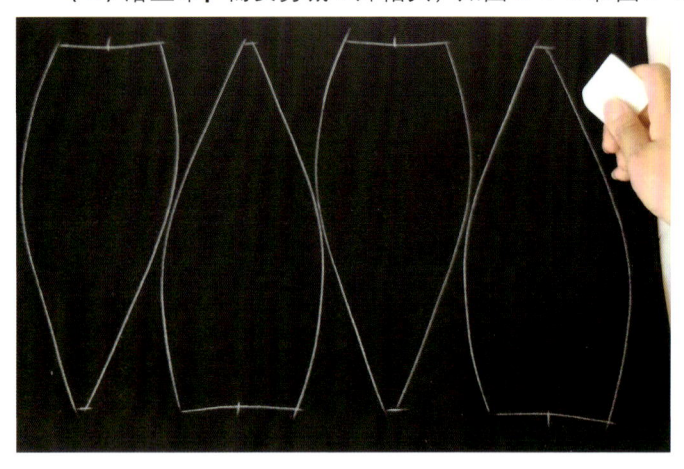

图2-3-6

图2-3-7

（3）帽固：长5 cm、宽3 cm。

4. 缝合

在缝合时，需要注意的是，用平缝机前先用定规定出线迹之间的尺寸，帽表布缝份宽度为0.5 cm，帽落里布缝份宽度为0.6 cm。

（1）做帽子上的装饰，缝份宽度为0.5 cm，如图2-3-8所示。缝合好用工具翻过来，待用，如图2-3-9所示。

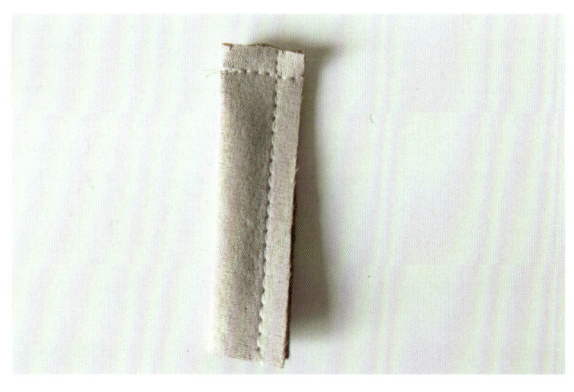

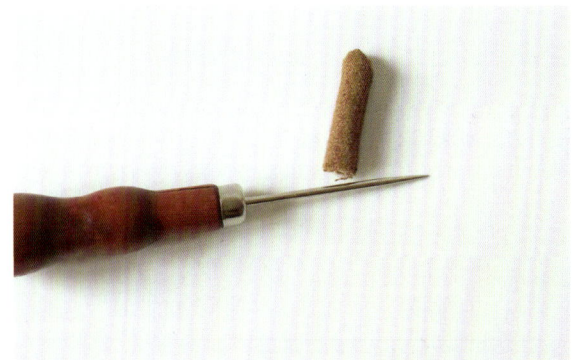

图2-3-8

图2-3-9

（2）帽头表的缝合。

①将两片裁片作为一组，并正面相对，先在一侧缝合，缝份宽度是 0.5 cm，如图 2-3-10 和图 2-3-11 所示。

②劈缝熨烫，如图 2-3-12 所示。

③将缝合好的两片裁片作为一组，并正面相对在一侧缝合，缝份宽度为 0.5 cm，如图 2-3-13 和图 2-3-14 所示。

④完成后用熨斗把两个侧缝熨烫平整。

⑤将最后帽子的半成品正面相对，并在中心位置用大头针固定，如图 2-3-15 所示。

图 2-3-10 　　　　　　图 2-3-11 　　　　　　图 2-3-12

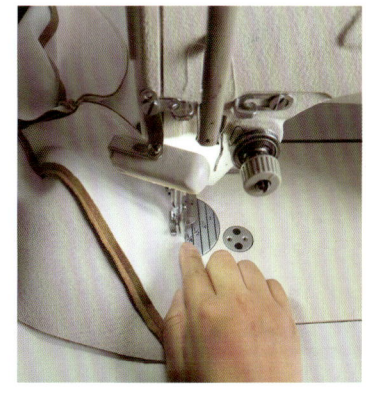

图 2-3-13 　　　　　　图 2-3-14 　　　　　　图 2-3-15

⑥用平缝机将两个缝合好的裁片缝合，缝份宽度为 0.5 cm，在缝合到头顶中心点位置时拆掉大头针，将帽子上的装饰一起缝合，如图 2-3-16 和图 2-3-17 所示。

⑦劈缝熨烫。

⑧将帽子翻到正面，帽头表制作完成，如图 2-3-18 所示。

图 2-3-16 　　　　　　图 2-3-17 　　　　　　图 2-3-18

（3）帽头落里的缝合。帽头落里的缝合工艺与帽头表的缝合工艺相同，具体操作步骤参考帽头表的缝合工艺，落里缝份宽度为 0.6 cm，如图 2-3-19 至图 2-3-21 所示。

图 2-3-19　　　　　　　　　　图 2-3-20　　　　　　　　　　图 2-3-21

（4）帽头表和帽头落里的缝合。
①将缝合好的帽头表和帽头落里反面相对。
②在两个帽顶的中心点位置用手缝针固定，如图 2-3-22 所示。
③将帽头表翻到正面，将帽头落里塞进去，使帽头表和帽头落里前后点相对并用大头针固定，如图 2-3-23 所示。
④帽头下底口边缘按 0.6 cm 缝头缉线，如图 2-3-24 所示。

图 2-3-22 　　　　　　　　　　图 2-3-23 　　　　　　　　　　图 2-3-24

⑤底口码边，如图 2-3-25 和图 2-3-26 所示。
（5）做汗带。
①将裁好的汗带等份对折，一头缝合，缝份宽度为 1 cm，如图 2-3-27 所示。

图 2-3-25 　　　　　　　　　　图 2-3-26 　　　　　　　　　　图 2-3-27

②用熨斗劈缝熨烫平整，如图 2-3-28 所示。
③标注前中心点和左右中心点的位置，如图 2-3-29 所示。
（6）上汗带。
①用平缝机沿着汗带上 0.3 线和头底口 0.6 线迹重合压线。在缝合时前后、左右点相对，均匀吃力缉线，如图 2-3-30 所示。

图 2-3-28 　　　　　图 2-3-29 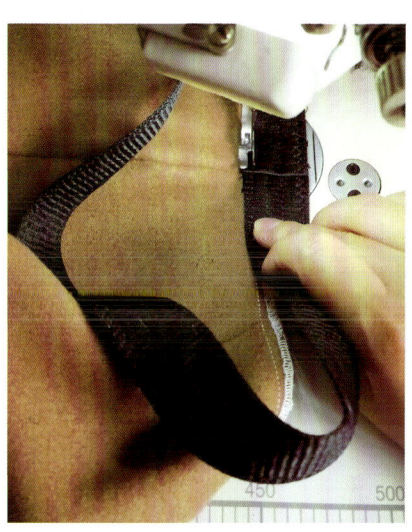　　　　　图 2-3-30

②将汗带翻到里面，如图 2-3-31 所示。
（7）成品制作完成，如图 2-3-32 所示。

图 2-3-31 　　　　　图 2-3-32

八片贝雷帽

任务四　平顶圆檐帽的制版与制作

平顶帽是帽檐较宽的帽子，一般采用优质的棉、麻等材料制作而成。它可以与休闲、淑女等不同风格的服饰进行合理的搭配，并能体现出着装者的个性美。本任务以平顶圆檐帽为例讲述制版与制作过程。

一、平顶圆檐帽的结构

平顶圆檐帽的结构如图 2-4-1 所示。

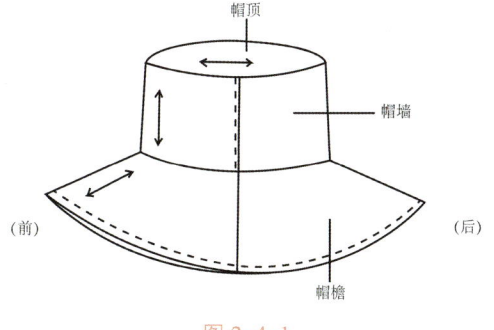

图 2-4-1

二、平顶圆檐帽的制版

本款选用 57 cm 作为头围量。

1．材料、工具准备

需要准备直尺、卷尺、圆规、剪刀、牛皮纸、大头尺、双面胶、A4 纸等。

2．平顶圆檐帽的制版步骤

（1）帽墙的制作。

①因为本款式是对称的，所以只做一个帽墙（可以前后共用），即一个长方形，如图 2-4-2 所示。规定长方形的长为 28.5 cm（57 cm 头围的一半），长方形的高为 9 cm。以上数字都是净围数。

需要注意的是，此款式的帽子一般帽墙上口的长度比下口的长度短。本款设计帽墙上口和下口的长度差为 4 cm。

②对折 6 等分，用剪刀在帽墙上口处剪开，不用剪断，每份剪口捏进 0.8 cm 的量，如图 2-4-3 和图 2-4-4 所示。

③拓毛版缝份宽度为 1 cm 或 0.5 cm，本款所有缝份宽度定为 1 cm，如图 2-4-5 所示。

④沿着缝份剪下后用卷尺测量帽墙上口尺寸为 26.5 cm。

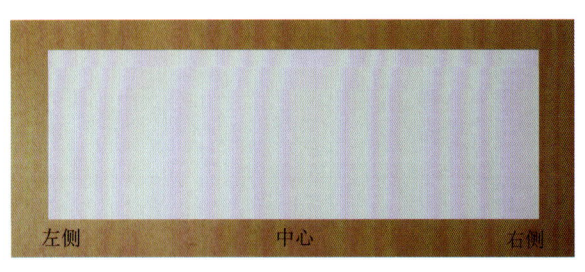

图 2-4-2

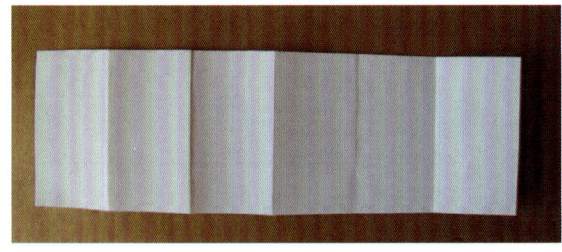

图 2-4-3

图 2-4-4

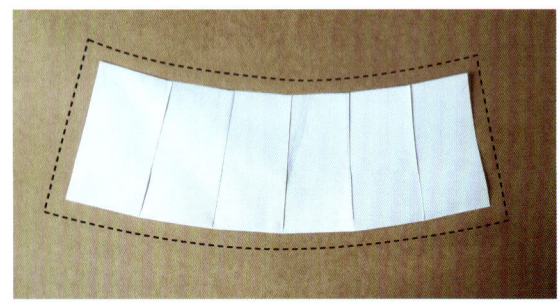

图 2-4-5

（2）帽顶的制作。

①这款帽顶是椭圆形。根据测量帽墙上口的尺寸 26.5 cm 可知，帽顶的周长是 49 cm。即 26.5 cm×2（前后片数）-4 cm（缝份）= 49 cm。利用圆周计算公式：周长 =π× 直径，所以圆的直径是 49 cm÷3.14=15.6 cm，半径是 7.8 cm。以 7.8 cm 为半径画一个圆，标注前、后中心点和左、右中心点的位置，并在前、后中心点各向外 0.5 cm 取一点，在左、右中心点各向内 0.5 cm 取一点，连接两点画弧线。然后用对折方法画出其他部分，并修顺弧度，帽顶的净版完成，如图 2-4-6 所示。

②取出另外一张 A4 纸同样对折四下，在帽顶净版的基础上拓 1 cm 的缝份，并标注前、后和左、右中心点的位置，如图 2-4-7 和图 2-4-8 所示。

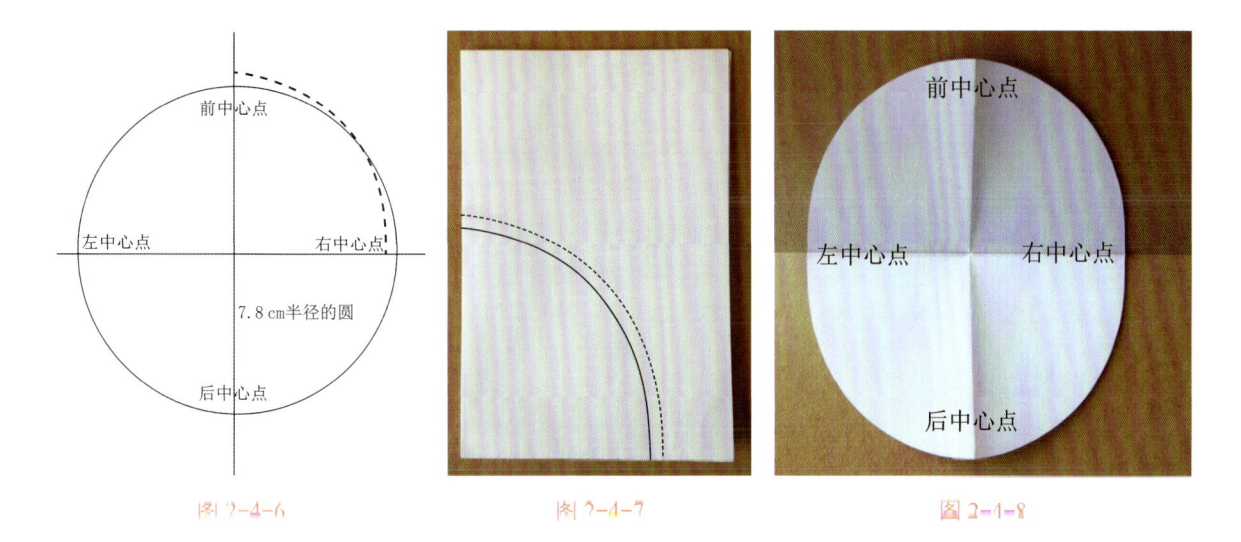

图 2-4-6　　　　　　　　　图 2-4-7　　　　　　　　　图 2-4-8

（3）帽檐的制作。

①制作头围为 57 cm 的椭圆原型，如图 2-4-9 所示。

②剪出一个半径为 17.5~20 cm 的圆，并随便找一点剪到圆中心的位置。如果需要檐口大些就剪出 20 cm 的圆，檐口小的就剪出 17.5 cm 的圆，如图 2-4-10 所示。

③帽檐的倾斜度。折叠的量越大，帽檐的倾斜角度就越大，如图 2-4-11 至图 2-4-13 所示。

（4）把头围原型放入折叠好的纸样里，用铅笔画线，这就是帽檐的基本型，如图 2-4-14 至图 2-4-16 所示。

注：剪刀剪开的位置是帽檐的后中心位置。放置头围原型版的时候，头围原型的后中心点一定要和帽檐的后中心点相对再画圆弧。

本款平顶圆檐帽子我们选用 20 cm 半径圆，角度是 270° 的纸样，如图 2-4-17 所示。

（5）在帽檐的后中心点处用剪刀剪开，画好弧线后剪下纸样，并标注帽檐前后位置。因为本款帽子设计的是前后檐，而且前后檐的宽度相等，所以我们把整片檐分为前后两片，取其中一片拓出 1 cm 的缝份，如图 2-4-18 和图 2-4-19 所示。

剪下纸样在牛皮纸上拓出 1 cm 的缝份，并标注帽檐的内外口、前后左右中心点的位置，如图 2-4-20 所示。

需要注意的是，帽檐的外口拓出的缝份不是固定为 1 cm，而是以斜线和外口弧线形成直角为标准，如图 2-4-21 所示。

（6）纸样制作完成。帽顶一片，帽墙一片（前后片共用），帽檐一片（前后、上下片共用）。

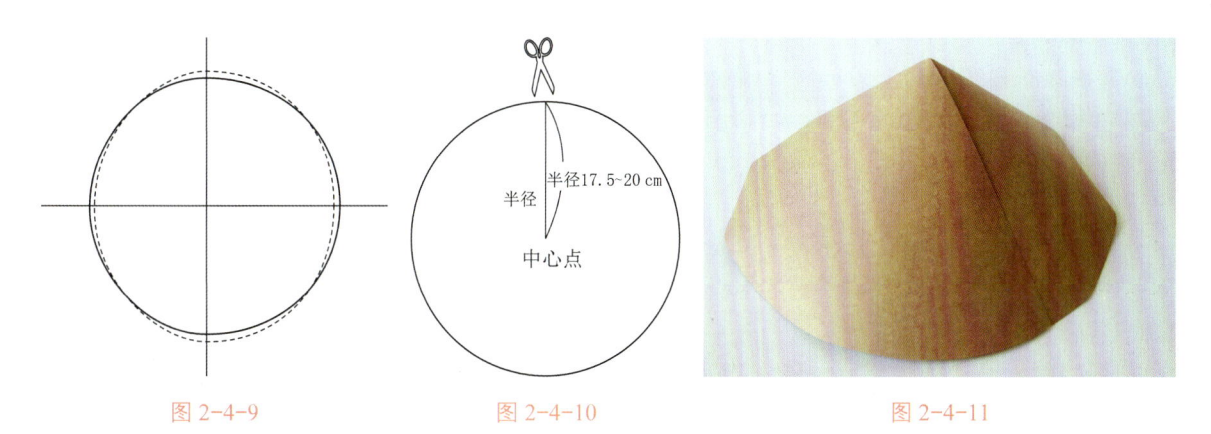

图 2-4-9　　　　　　　　　图 2-4-10　　　　　　　　　图 2-4-11

图 2-4-12　　　　　　　　　图 2-4-13　　　　　　　　　图 2-4-14

图 2-4-15　　　　　　　　　图 2-4-16　　　　　　　　　图 2-4-17　　　　　　　　　图 2-4-18

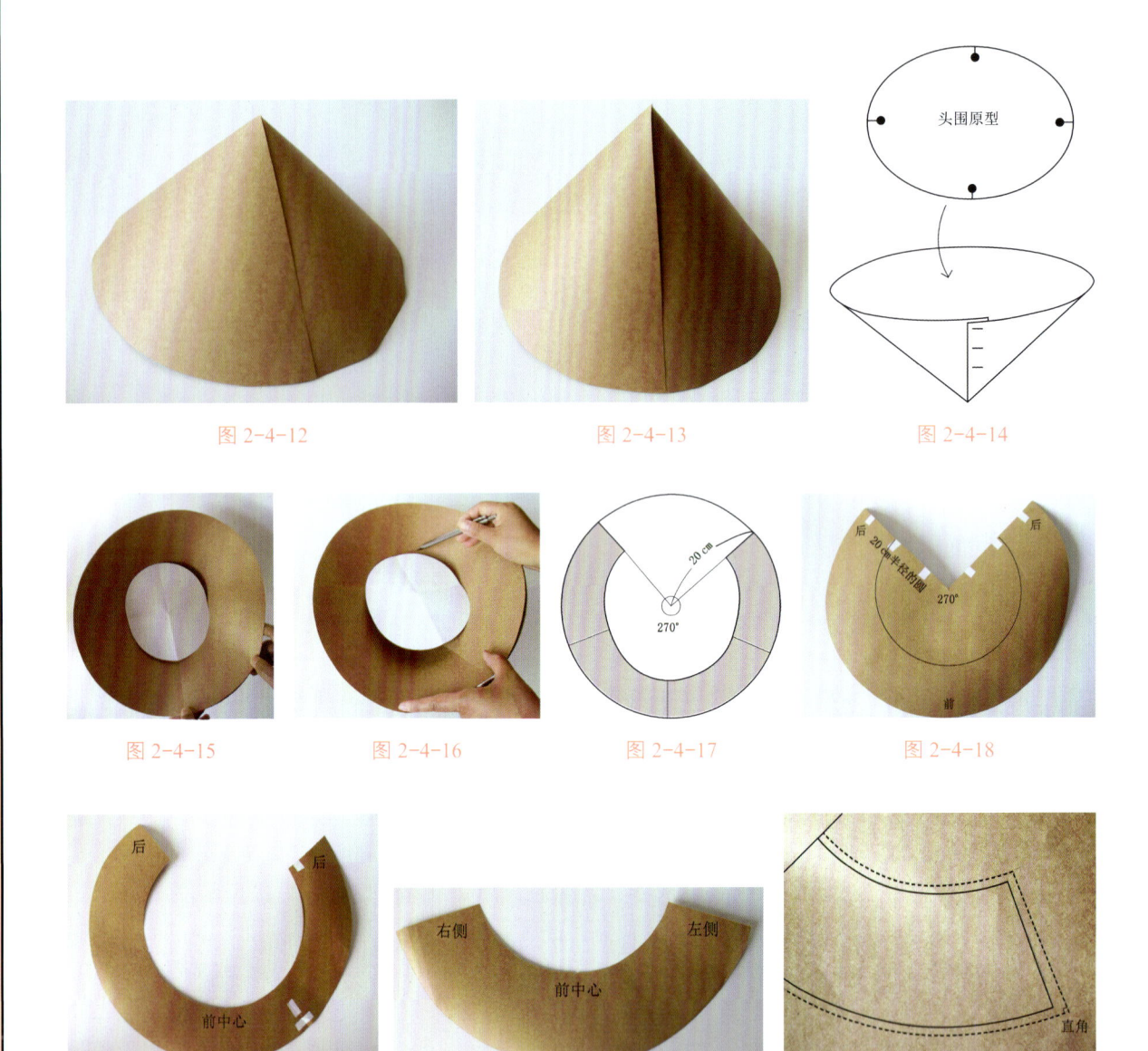

图 2-4-19　　　　　　　　　图 2-4-20　　　　　　　　　图 2-4-21

三、平顶圆檐帽的制作

1. 材料准备

需要准备主布面料（60 cm）、落里布（30 cm）、无纺衬（50 cm）、有纺衬（50 cm）、汗带（60 cm）、配色线等。

2. 制作工艺流程

（1）烫衬布。在面料的反面粘上衬布，用热熨斗由中间向外慢慢压衬布，一边熨烫一边用手抚平，使衬布和面料完美贴合，不要出现褶皱和气泡。

注：帽头（帽顶和帽墙）贴有纺衬；帽檐贴无纺衬。

（2）剪裁，如图 2-4-22 所示。

图 2-4-22

需要剪裁的主布面料有帽顶 1 片（纱向直丝）、帽墙 2 片（纱向直丝）、帽檐 4 片（纱向直丝）。

需要剪裁的落里布有帽顶 1 片（纱向直丝）、帽墙 2 片（纱向直丝）。

（3）帽头表的缝合。步骤如下：

①将两片帽头正面相对，先在一侧缝合，缝份宽度是 1 cm，如图 2-4-23 所示。

②翻到正面，劈缝压 0.2 cm 的明线，如图 2-4-24 所示。

③用同样的方法缝合帽头的另一侧。

④完成后用熨斗把两个侧缝熨烫平整，如图 2-4-25 所示。

⑤在帽头前中心点和后中心点打剪口。

图 2-4-23　　　　　　　图 2-4-24　　　　　　　图 2-4-25

（4）帽顶的缝合。步骤如下：

①将帽顶的前中心点剪口和帽墙的前中心点剪口相对，用大头针固定，如图 2-4-26 所示。

②用缝纫机进行缝合，缝份宽度是 1 cm。在缝合的过程中当压角至大头针处再拆掉此处的大头针，如图 2-4-27 和图 2-4-28 所示。

③劈缝熨烫。在正面劈缝缉 0.2 cm 明线，如图 2-4-29 和图 2-4-30 所示。

④用熨斗将帽顶熨烫平整，如图 2-4-31 所示。

（5）帽头落里缝合。帽头落里的缝合工艺和帽头表的相同，如图 2-4-32 至图 2-4-34 所示。

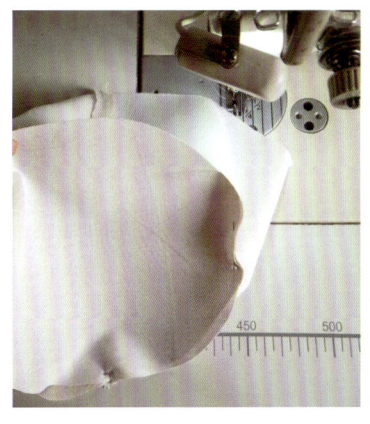

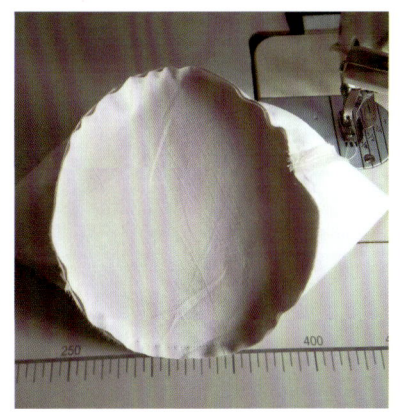

图 2-4-26　　　　　　　图 2-4-27　　　　　　　图 2-4-28

图 2-4-29　　　　　　　　　　　图 2-4-30　　　　　　　　　　　图 2-4-31

图 2-4-32　　　　　　　　　　　图 2-4-33　　　　　　　　　　　图 2-4-34

（6）帽头表和帽头落里的缝合。步骤如下：

①首先将缝合好的帽头表和帽头落里反面相对，然后在两个帽头的左侧中心点和右侧中心点用手缝针固定，如图 2-4-35 所示。

②将帽头翻到正面，将落里塞进去，在帽头下底口边沿缉 0.2 cm 线，如图 2-4-36 所示。

帽头制作完成。

（7）帽檐的缝合。步骤如下：

①取两片帽檐正面相对，在两侧缉 1 cm 线，如图 2-4-37 所示。

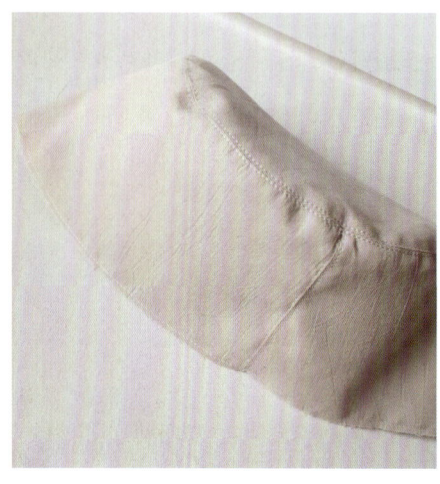

图 2-4-35　　　　　　　　　　　图 2-4-36　　　　　　　　　　　图 2-4-37

②用熨斗劈缝熨烫平整，如图 2-4-38 所示。

③用同样的方法缝合另外两片，并熨烫平整。

④将缝合好的两片正面相对，先用大头针固定。
⑤用缝纫机在帽檐的外侧缉 1 cm 线，如图 2-4-39 所示。
⑥翻过来正面朝外，沿着帽檐的外侧缉线，距边缘 0.7 cm 纳线，如图 2-4-40 所示。

图 2-4-38　　　　　　　　图 2-4-39　　　　　　　　图 2-4-40

（8）帽头和帽檐的缝合。步骤如下：
①对准剪口的位置，并用大头针固定。
②用缝纫机缝合，缉 1 cm 线，如图 2-4-41 所示。
（9）上汗带。步骤如下：
①将裁好的汗带等分对折，一头缝合，缝份宽度为 1 cm，并用熨斗劈缝熨烫平整，如图 2-4-42 所示。
②标注前中心点和左右中心点的位置。
③在帽头底口 1 cm 处，用缝纫机沿着汗带最边缘处压 0.3 cm 线，如图 2-4-43 所示。

图 2-4-41　　　　　　　　图 2-4-42　　　　　　　　图 2-4-43

成品制作完成，如图 2-4-44 所示。

图 2-4-44

平顶圆檐帽　　　　帽子作品

任务五　棒球帽的制版与制作

棒球帽是随着棒球运动一起发展起来的。棒球帽具有遮阳、装饰、防护等不同的作用，因此种类很多，选择也有讲究。

一、棒球帽的结构

棒球帽的结构如图 2-5-1 所示。

图 2-5-1

二、棒球帽的制版

本款选用 57 cm 作为头围尺寸。

1．材料、工具准备

需要准备直尺、卷尺、量角器、剪刀、牛皮纸、A4 纸、弧形尺等。

2．制版

（1）取整圆 360°平均分成六份，每份为 60°角，用量角器画出其中一份，如图 2-5-2 和图 2-5-3 所示。

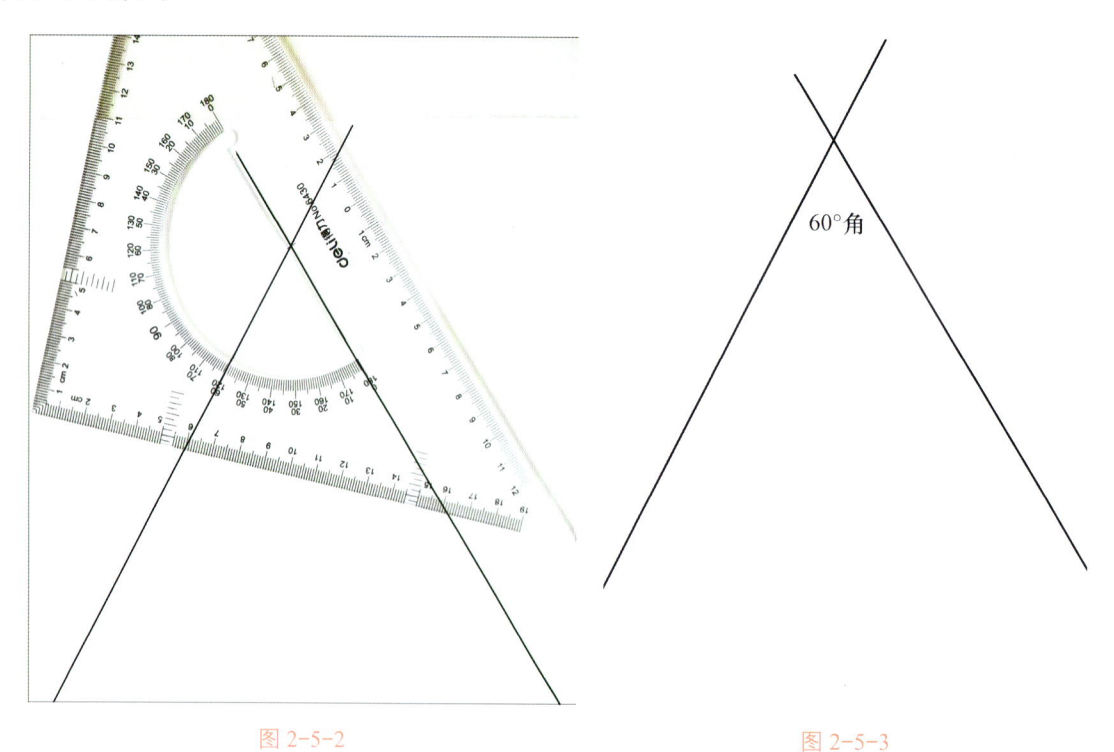

图 2-5-2

图 2-5-3

（2）帽底口（1/6 头围）为 57 cm（头围）÷6 份 +1 cm（0.5 cm+ 0.5 cm 两侧缝份），即 10.5 cm。

（3）帽深为 18.5 cm。

（4）在帽顶上面分别向左右各取 0.5 cm 点，如图 2-5-4 所示。

（5）从底口垂直向上 8.5 cm 处向两侧各取一点，如图 2-5-5 所示。

图 2-5-4　　　　　　　　　　　　　　　图 2-5-5

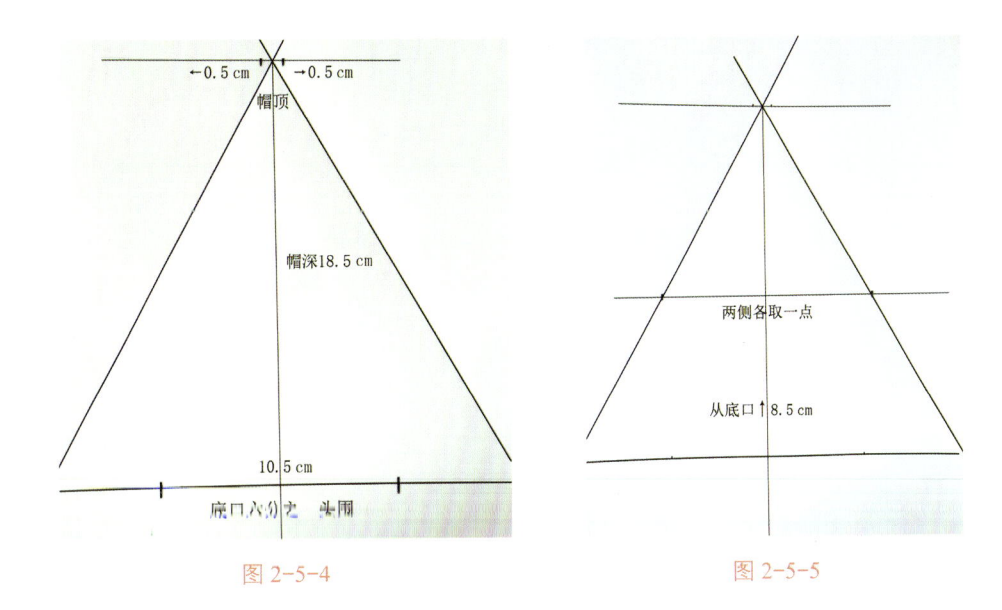

（6）用弧形尺分别向两侧画弧线，如图 2-5-6 和图 2-5-7 所示。根据设计要求两侧弧线的宽度也可稍做调整，如图 2-5-8 所示。

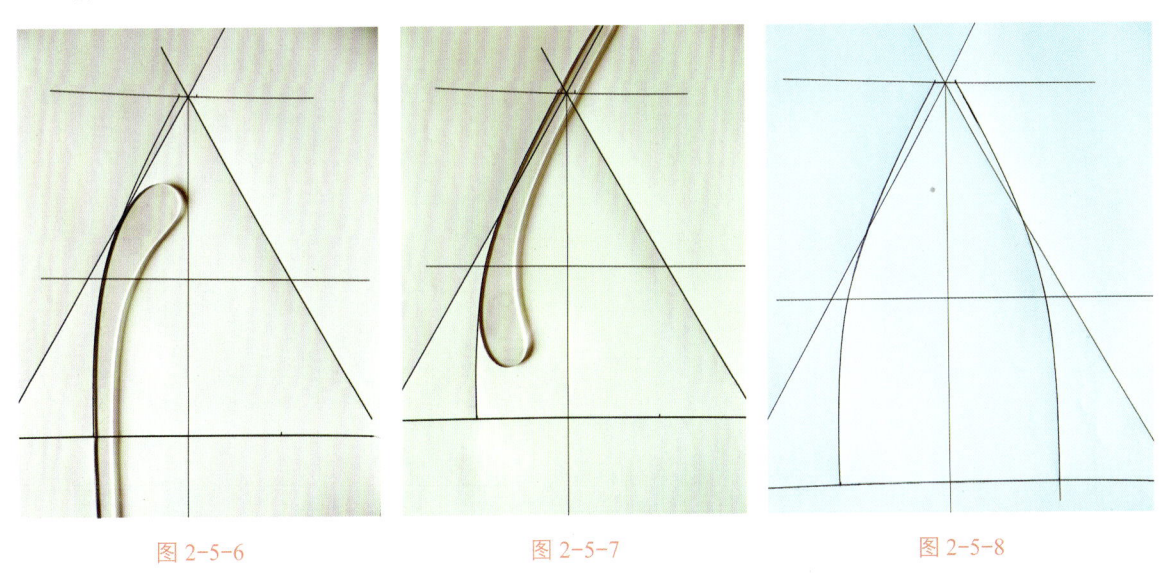

图 2-5-6　　　　　　　图 2-5-7　　　　　　　图 2-5-8

（7）用牛皮纸剪出纸版，此纸版为帽头前片和中片共用版，如图 2-5-9 所示。

（8）制作帽后片。在帽头前片和中片共用版的基础上做帽后片。从底口向上 5 cm、向里 4 cm 找辅助点画弧线，如图 2-5-10 所示。

（9）制作帽盖版。

① 取一张 A4 纸，用头围模型画前半个弧线，作为帽盖里口弧线，如图 2-5-11 所示。

注：头围模型参考平顶圆檐帽子的制作。

② 在左中心点向下 3.5 cm、前中心点

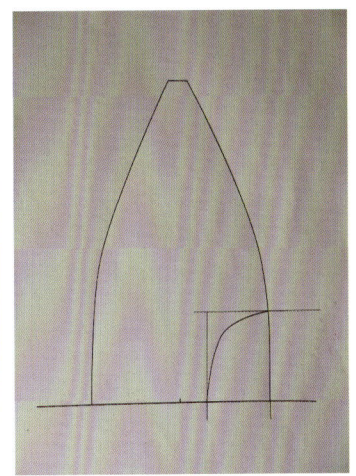

图 2-5-9　　　　　　　图 2-5-10

向下7 cm找辅助点画弧线，剪下待用，如图2-5-12和图2-5-13所示。

③将剪下的帽盖在外口处平分为4份，向里口剪开（不用剪断），如图2-5-14所示。

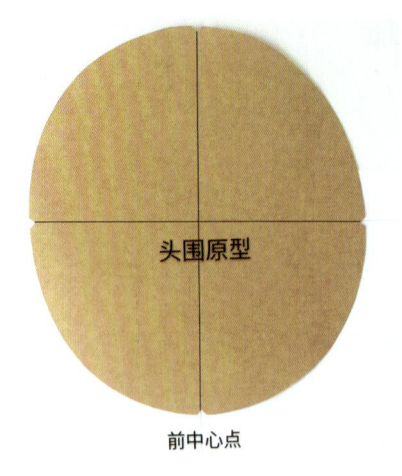

图2-5-11

图2-5-12

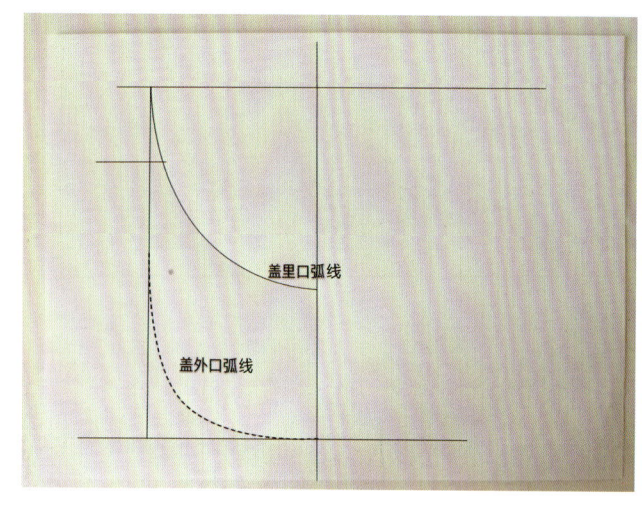

图2-5-13

图2-5-14

④将剪口重叠用双面胶固定，重叠量为0.3 cm（重叠量是一个参考值，可微调）。再画出帽盖的另外一半，并剪下，此版为净版，可做盖蕊版，如图2-5-15所示。

⑤在盖蕊版的基础上拓缝份，外口缝份为0.5 cm，里口缝份为0.6 cm，如图2-5-16所示。

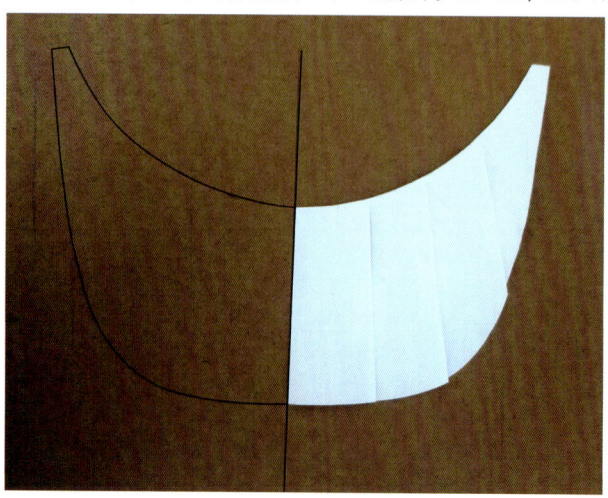

图2-5-15

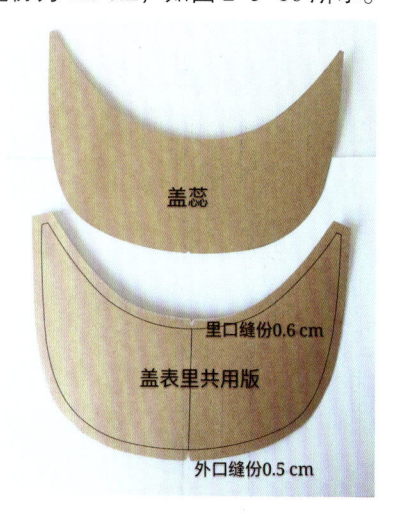

图2-5-16

（10）帽盖版制作完成，如图 2-5-17 所示。

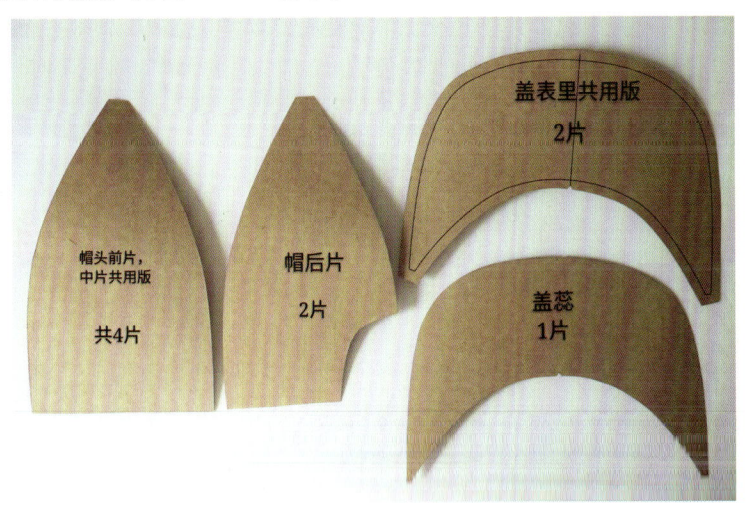

图 2-5-17

三、棒球帽的制作

1．制作棒球帽的材料

（1）主料有驼色棉布：幅宽 150 cm× 长 30 cm。

（2）辅料有幅宽 125 cm× 长 30 cm 的粘合衬（有纺衬）、长 55 cm 的汗带、1 个帽顶扣和 12 cm 的子母粘扣。

2．熨烫衬布

在面料的反面粘上衬布，用热熨斗由中间向外慢慢压衬布，一边熨烫一边用手抚平，使衬布和面料完美贴合，不要出现褶皱和气泡。

3．剪裁

需要剪裁出 4 片帽前片和帽中片、2 片帽后片、2 片帽盖、1 片帽顶扣和 2 款长度不同的帽头后带（宽 5.5 cm× 长 12 cm 和宽 5.5 cm× 长 6 cm），如图 2-5-18 所示。

图 2-5-18

如有条件可直接利用成品定型帽盖蕊，如条件不允许可以利用身边的垫板或饮料瓶等类似的材料代替，在剪裁完成后，用手将它卷曲使其有立体弯曲形，如图2-5-19至图2-5-21所示。

图 2-5-19 　　　　　　　　图 2-5-20 　　　　　　　　图 2-5-21

4．缝合

（1）把帽头6片码边，如图2-5-22所示。

（2）制作帽头后带。将2款帽头后带对折缝合，缝份宽度为0.5 cm。缝合好后用工具翻过来，熨烫平整，待用，如图2-5-23和图2-5-24所示。

（3）做帽顶扣，待用，如图2-5-25所示。

图 2-5-22 　　　　　　　　　　　　　　图 2-5-23

图 2-5-24 　　　　　　　　　　　　　　图 2-5-25

（4）帽头表的缝合。步骤如下：
①将2片裁片作为一组，共两组并正面相对，先在一侧缝合，缝份宽度为0.5 cm，如图2-5-26所示。
②劈缝熨烫，并在正面压0.2 cm明线，如图2-5-27和图2-5-28所示。
③将缝合好的两组分别和帽后片缝合，并正面相对在一侧缝合，缝份宽度为0.5 cm。同样劈缝熨烫，在正面两边压0.2 cm明线，如图2-5-29所示。
④将帽子的半成品正面相对，并在中心位置用大头针固定，再缝合。
⑤同上两步。
⑥劈缝熨烫，在正面压明线。
帽头主体制作完成，如图2-5-30所示。
（5）上帽顶扣，如图2-5-31所示。

图2-5-26 　　　　　　图2-5-27 　　　　　　图2-5-28

图2-5-29 　　　　　　图2-5-30 　　　　　　图2-5-31

（6）缝合帽盖。步骤如下：
①将帽盖裁片正面相对，在盖外沿处缉0.5 cm线，如图2-5-32所示。
②劈缝熨烫，如图2-5-33所示。
③将缝合好的帽盖翻过来，并把裁好的盖蕊放进去，如图2-5-34所示。
④在盖的外沿口处压两条0.8 cm明线，如图2-5-35所示。
⑤在盖里口处缉0.5 cm线使其固定，如图2-5-36所示。

（7）帽盖和帽头缝合。将帽头前中心点和盖里口中心点相对再缝合，缝份宽度为 0.5 cm，如图 2-5-37 所示。

图 2-5-32

图 2-5-33

图 2-5-34

图 2-5-35

图 2-5-36

图 2-5-37

（8）帽头后带口缝合。向里折 0.5 cm 熨烫，再压 0.2 cm 线，如图 2-5-38 和图 2-5-39 所示。

（9）上帽后带。步骤如下：

①将 12 cm 长的后带压在帽左侧，距底口向上 0.5 cm 处，和帽头接 1 cm，再压上子母粘扣，四周缉线，如图 2-5-40 和图 2-5-41 所示。

②将 6 cm 长的后带压在帽子的右侧，距底口向上 0.5 cm 处，和帽头接 1 cm，如图 2-5-42 所示。

③翻过来在正面压上子母粘扣，把子母粘扣多余的部分顺过去直接压在帽头上，并压线，如图 2-5-43 所示。

图 2-5-38

图 2-5-39

图 2-5-40

图 2-5-41 　　　　　　　　　图 2-5-42 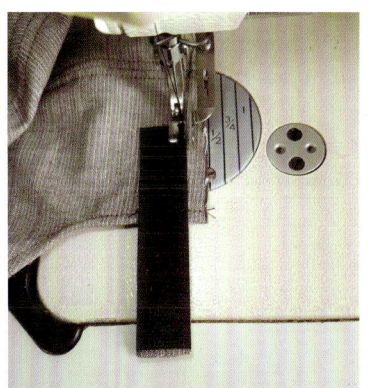　　　　　　　　　图 2-5-43

帽后带制作完成，如图 2-5-44 所示。

（10）制作汗带。先将裁好的汗带两头向里折 1 cm，熨烫压平。然后再压 0.5 cm 线，并标注前中心点和左右中心点的位置，如图 2-5-45 所示。

（11）上汗带。步骤如下：

①用缝纫机沿着汗带上 0.3 cm 线和头底口 0.6 cm 线迹重合压线，如图 2-5-46 所示。

图 2-5-44 　　　　　　　　　图 2-5-45 　　　　　　　　　图 2-5-46

②缝合时前中心点和左右中心点相对，缉线均匀。

③将汗带翻到里面。

（12）成品制作完成，如图 2-5-47 所示。

图 2-5-47

帽子制作——
六片大头帽

课后思考及习题

1. 扫描二维码了解帽子的分类、帽子的造型设计、帽子的装饰设计并进行帽子作品欣赏；
2. 扫描二维码观看八片贝雷帽、平顶圆檐帽、棒球帽的制作流程视频；
3. 搜集各类帽子的图片，分析作品的设计元素和设计亮点，做出书面的鉴赏评论说明，制作PPT并进行展示；
4. 对消费者的服饰品消费心理学进行调研，根据消费者年龄、职业、性别等做一份市场调研问卷，分析消费者购买服饰品的需求和喜好等；
5. 准备好测量工具、制图工具、缝纫工具及面辅料，设计并制作一顶帽子。

棒球帽设计实战案例

棒球帽Style3D制作

项目三 包袋

知识目标

1. 熟知各类包袋的历史及发展；
2. 了解包袋的种类，掌握各类包袋的基本知识，独立查阅资料并归纳总结；
3. 掌握包袋制作实施的流程，具有动手实践的理论基础。

能力目标

1. 具备正确绘制各类包袋版型的能力；
2. 具有良好的审美能力，能进行多元化的产品设计与制作；
3. 通过自主学习、团队协作，提高逻辑思维能力，培养统筹安排时间的能力。

素养目标

1. 养成良好的学习习惯，树立终身学习的观点，成为具有良好职业发展潜力的复合型人才；
2. 培养精益求精、开拓创新的工作作风，具有团队精神、奉献精神，培养社会责任感和使命感；
3. 树立文化自信，不断提升文化软实力和中华文化影响力，增强民族自豪感。

包袋，一般是指装东西的容器。随着服装的演变，包袋成为当今服饰品中重要的一个品类，常被称为"包袋饰"。针对不同的文化与不同的场合，包袋的设计离不开造型、色彩、面料、装饰等方面。

箱包概述

任务一 包袋的外轮廓造型设计

包袋的设计要素之一是造型。从外轮廓造型划分，包袋的设计主要分为规则造型和无规则造型两种。除此之外，仿生造型也是包袋的设计方向之一。

箱包的分类

一、规则造型

规则造型基本以几何形为主，包袋有长方形、方形、圆形、椭圆形等（图3-1-1至图3-1-4）。在设计中除了整体外轮廓为几何造型外，还多以同一或不同的几何形按照形式美法则进行组合，设计、制作出更多具有立体形态的包袋饰作品（图3-1-5和图3-1-6）。这类包袋饰为了更好地展示其造型特征，大多采用定型造型和半定型造型。

图 3-1-1　　　　　图 3-1-2　　　　　图 3-1-3

图 3-1-4　　　　　图 3-1-5　　　　　图 3-1-6

二、无规则造型

随着服装产品的个性化定制，包袋饰设计师也打破常规，积极创新变化，个性化和多样化的包袋饰产品不断推陈出新（图 3-1-7 至图 3-1-9）。

图 3-1-7

图 3-1-8

图 3-1-9

三、仿生造型

仿生造型包袋的设计具有极强的趣味性，主要以植物、动物以及其他物品的形象为设计依据，如水果、花卉、鸟等（图 3-1-10 至图 3-1-12）。

图 3-1-10

图 3-1-11

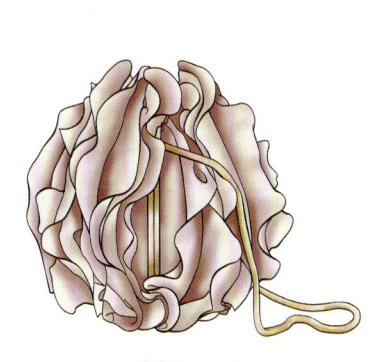

图 3-1-12

包袋的造型设计

箱包的造型设计图片欣赏

箱包的造型设计

箱包的外轮廓造型设计

任务二　包袋的装饰设计

为了丰富包袋的使用功能、视觉效果，设计师常将服装中的一些装饰性手法应用于包袋的设计中，使包袋的作品更加丰富，增加艺术性，满足消费者的需求。

一、刺绣

刺绣是中国古老的手工技艺之一，是用绣针引线，在纺织品上运针，以绣迹构成花纹图案的一种工艺。刺绣是我国独创的传统艺术形式，它的针法丰富，绣工精巧，细腻绝伦闻名于全世界，传统刺绣承载着大量的中华民族文化，极大地推动了服饰品的发展，不仅彰显出独具魅力的艺术价值与文化价值，同时也具有一定的实用价值。在包袋的设计中，可根据材料的厚薄选用手绣或机绣完成，作品具有极强的装饰效果，如图 3-2-1 和图 3-2-2 所示。

图 3-2-1 　　　　　　　　　　图 3-2-2

二、珠绣

珠绣是在刺绣的基础上发展而来的一种工艺技术。它是把多种颜色的珍珠、亮片、宝石、羽毛等材料缝缀在质料上，具有时尚、华丽的效果，多用于晚宴包袋的设计与制作中，如图 3-2-3 和图 3-2-4 所示。

图 3-2-3 　　　　　　　　　　图 3-2-4

三、贴布绣

贴布绣也称补花绣,是将其他材料裁剪成不同形状的图案并缝制在作品上的一种刺绣形式。设计时,可根据需要在其边缘进行毛边或者其他装饰手法处理,如图 3-2-5 和图 3-2-6 所示。

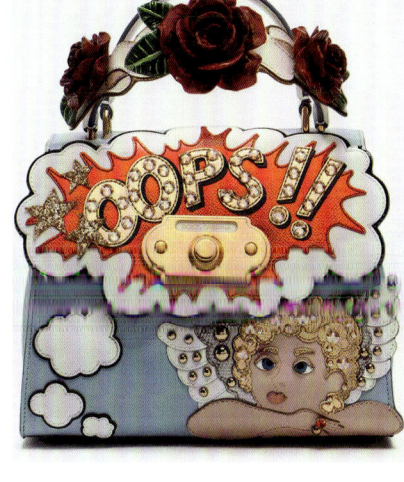

图 3-2-5

图 3-2-6

四、编织

编织是设计师常用的一种装饰手法,它是将材料相互交错或勾连等组织起来的。材料多采用条状物,通过编织可产生不同的图案,立体感较强,如图 3-2-7 和图 3-2-8 所示。

图 3-2-7

图 3-2-8

五、镂空

镂空是一种雕刻技术。它在外面看起来是完整的图案,但物料被穿透后的位置是空的,镂空技术在包袋的设计中运用较为广泛。在设计镂空图案时,要尽量采用小面积或分散的镂空,大面积的镂空会降低包袋的抗力性,如图 3-2-9 和图 3-2-10 所示。

图 3-2-9 　　　　　　　　　　　图 3-2-10

六、褶皱

褶皱是在改变材料本身的形态后，增加其立体感的一种工艺方法。常用的手法有抽褶、压褶、捏褶等，如图 3-2-11 和图 3-2-12 所示。

图 3-2-11 　　　　　　　　　　　图 3-2-12

七、立体装饰

为了增加包袋的立体效果，也经常将材料制作成立体花卉等造型装饰在包袋的表面，或做独立装饰，或做堆砌装饰，主要起到装饰、美化的作用，如图 3-2-13 和图 3-2-14 所示。

图 3-2-13　　　　　　　　　　　图 3-2-14

在包袋的设计中，上述装饰手法除了单独使用外，也常被综合使用，以便具有极强的视觉效果，如图 3-2-15 所示。

图 3-2-15

箱包的装饰设计

箱包的装饰设计
图片欣赏

任务三　化妆包袋的设计与制作

　　化妆包袋是指用于装化妆品的一种小手抓包袋，可以用来装口红、粉饼、眉笔、睫毛膏、防晒霜等女士随身携带的小化妆物件。按照功能类型划分，化妆包袋可分为多功能型专业化妆包袋、旅游用简约型化妆包袋、家用小化妆包袋；按照制作的材质划分，化妆包袋可分为帆布化妆包袋、棉布化妆包袋、PVC 化妆包袋、PU 化妆包袋等。

　　本款化妆包袋主料选用了格子图案的 PU 皮革面料，配料选用褐色的 PVC 皮革。内里选用棕色光面里布。配件有棕色 5# 拉链布、金色 5# 拉链头 1 个、金色 D 扣 1 个、金色锥形爪扣 1 个。

一、画款式设计图线稿与效果图

　　设计师在设计初期常使用针管笔、秀丽笔等勾线稿的形式表现设计想法。然后通过手绘或计算机绘图软件上色、贴入材质的方式来表现效果图，如图 3-3-1 和图 3-3-2 所示。

图 3-3-1　　　　　　　　　　图 3-3-2

　　化妆包袋款式设计是运用大身一件的打角结构来成型，制作过程简便。采用此制作工艺既可最大程度利用化妆包袋的盛放空间，也可在批量生产时节约材料成本和时间成本。

二、画三视图

根据设计稿的效果图确定化妆包袋的实际制作尺寸,并用三视图标注出来,如图3-3-3所示。

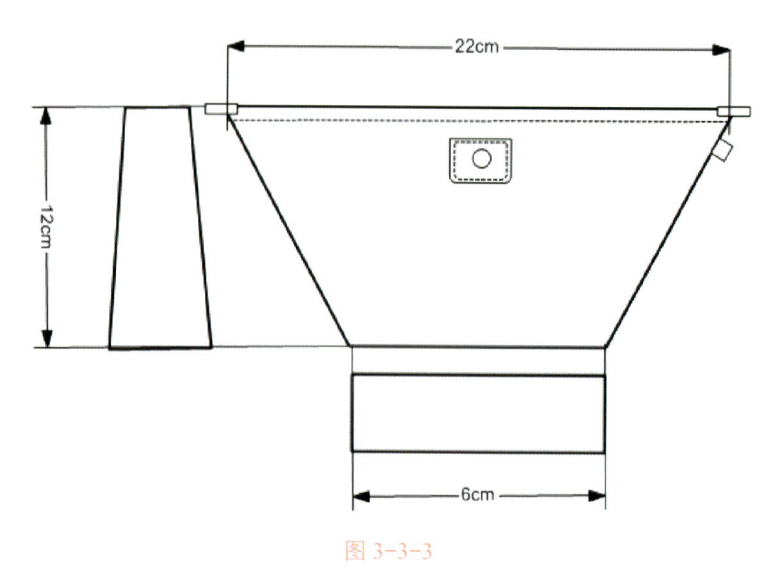

图 3-3-3

三、纸样出格

在出格之前,先分析包袋形结构,本款化妆包袋是左右对称形,底部打角结构。里布是和面料先夹缝拉链布后,从内部一起打角缝合,最后翻袋成型。根据三视图的包袋形尺寸来确定包袋身展开一片面料的尺寸。

(1)出大身纸样。打十字线,确定宽度和高度,然后算出打角位尺寸。加上袋口两边的折边、两侧车反、打角位的加工余量,切割纸样得到大身料,同时也是里布料的纸样,如图3-3-4所示。

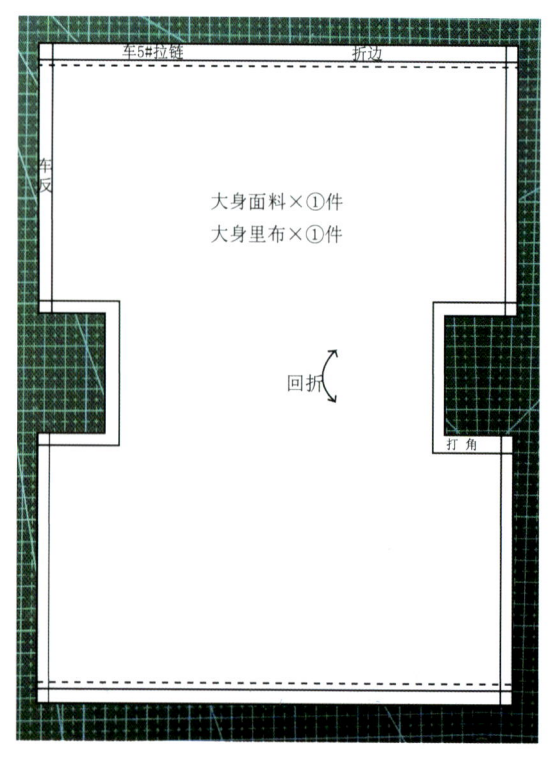

图 3-3-4

（2）分别放入 D 扣耳仔料、前装饰贴料、链尾夹缝料、手挽料纸样，确定长度和宽度，分别加上折边和搭位的加工余量，如图 3-3-5 所示。

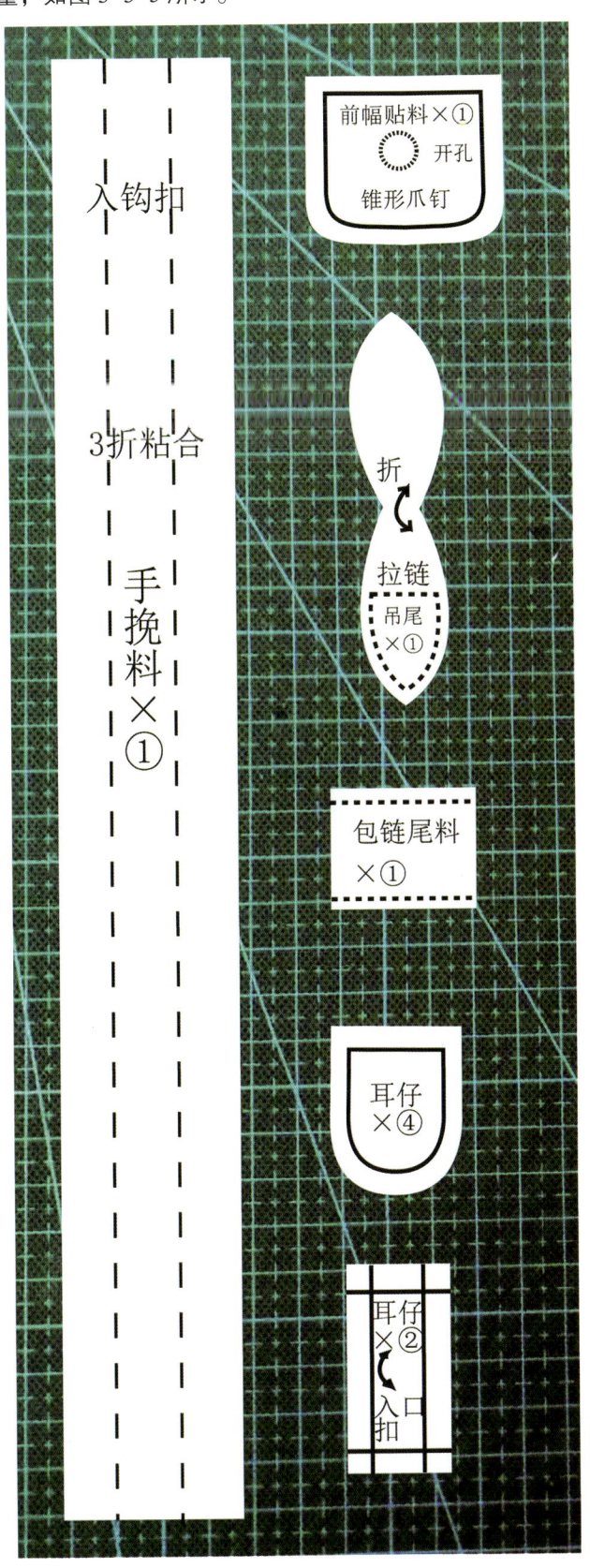

图 3-3-5

四、配料、画料与裁料

首先，挑选合适的制作化妆包袋用的面料、里布和配料，分别把面料纸样、配料纸样平铺到面料和配料上，用水银笔进行画样，如图3-3-6至图3-3-9所示。

然后，按照画好的纸样线条用美工刀进行裁料，如图3-3-10所示。

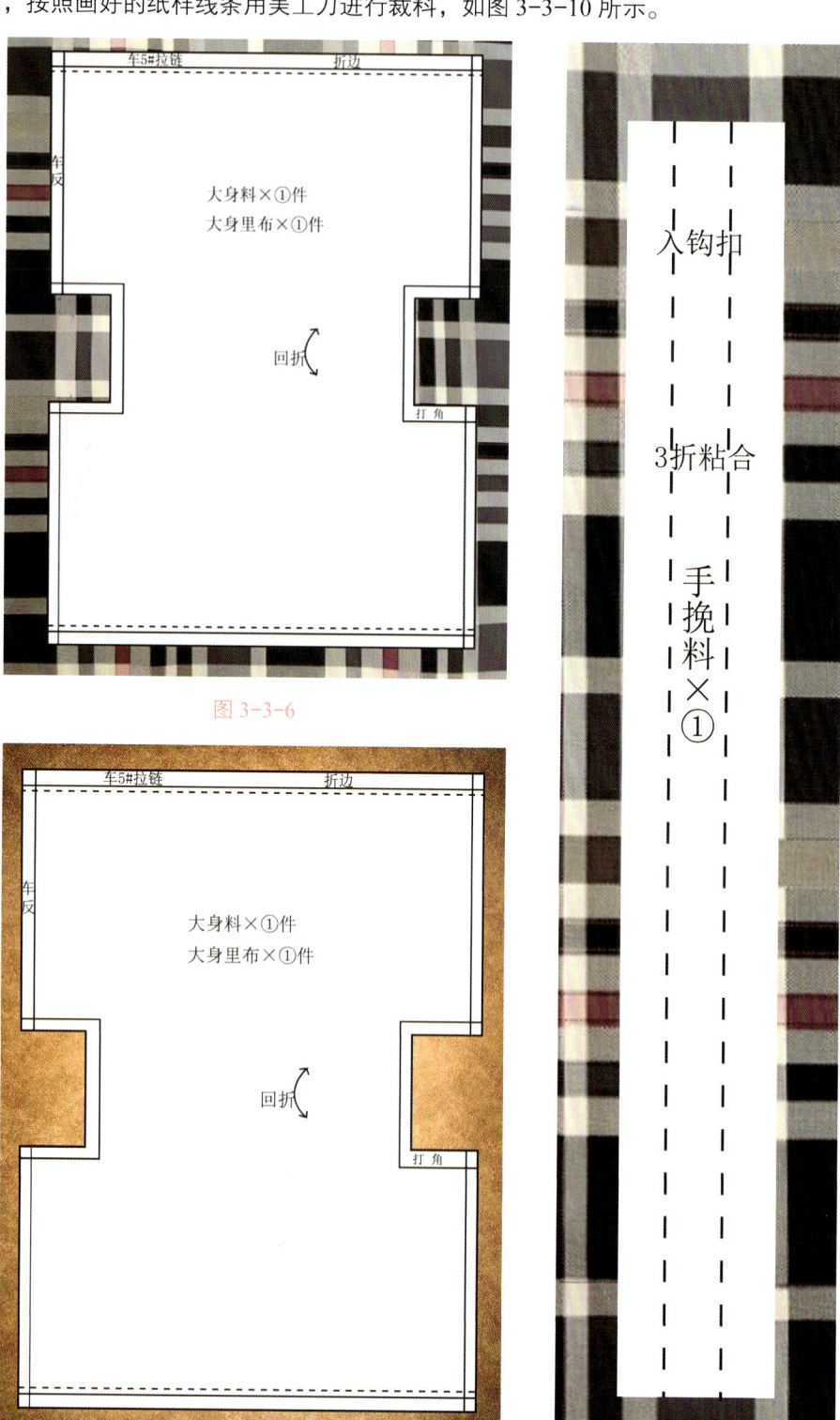

图 3-3-6

图 3-3-7

图 3-3-8

图 3-3-9　　　　　　　　　　　　图 3-3-10

最后,其他配件也按照纸样形状进行裁料,并按照裁台纸格核对所有制作材料、配件是否齐全,如图 3-3-11 所示。

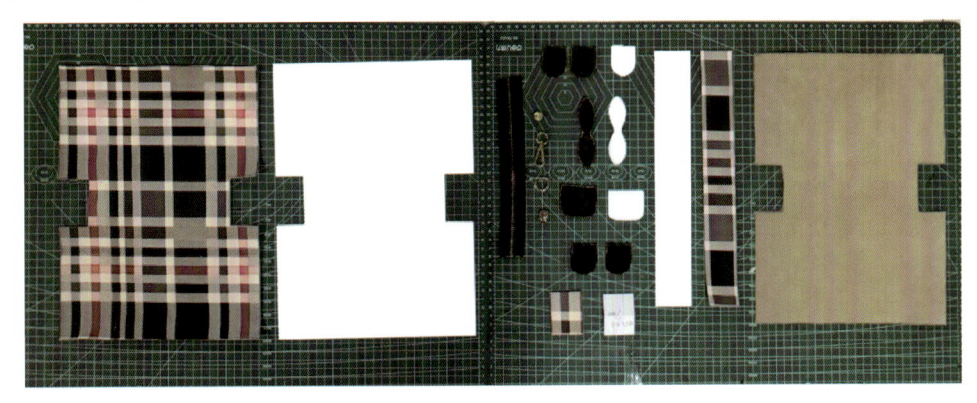

图 3-3-11

五、台面手工制作

(1)把大身料、里布上背面两边折边位分别涂上胶水进行折边,如图 3-3-12 所示。

图 3-3-12

（2）先把拉链布两边分开，然后把折边后的大身料、里布上下两边缘、拉链布两面再次涂上胶水，待半干后，把拉链布粘贴在大身料、里布的上下边的中间，均匀露出拉链牙齿位置，如图3-3-13和图3-3-14所示。

图 3-3-13

图 3-3-14

（3）把耳仔料、手挽料两侧涂上胶水进行折边，如图3-3-15所示。

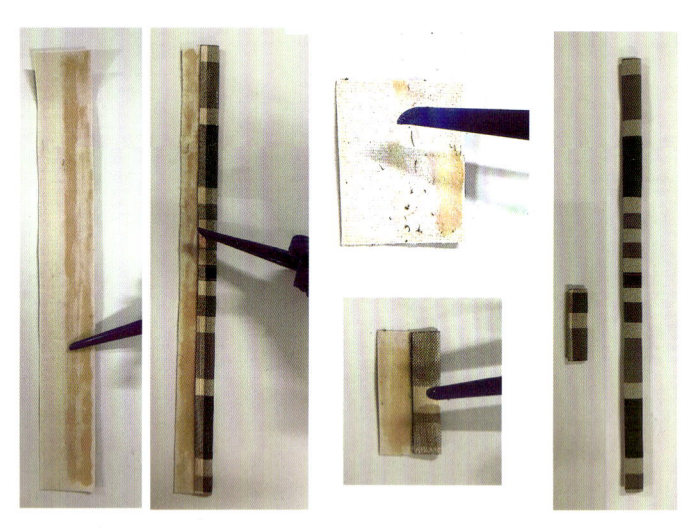

图 3-3-15

（4）使用锥子在前装饰贴中间扎4个小孔，安装锥形爪扣，在背面加贴一层衬料以防五金磨损面料，如图3-3-16所示。

图 3-3-16

六、缝制成型

（1）把夹好拉链布的大身料、里布上边再车缝一条线，固定拉链布，如图3-3-17所示。

（2）车缝大身前部已安装了锥形爪扣的装饰贴，如图3-3-18所示。

图3-3-17 图3-3-18

（3）把拉链吊尾车缝好，放入拉链头上的D扣里，拉链头从袋口拉链一端穿入拉合拉链布，如图3-3-19所示。

图3-3-19

（4）车缝折边后的耳仔料、手挽料，分别放入D扣和钩扣，如图3-3-20所示。

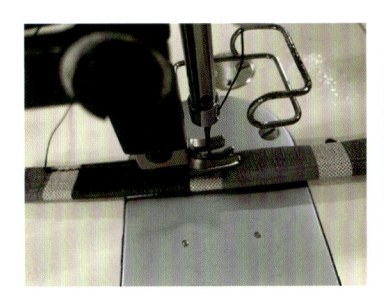

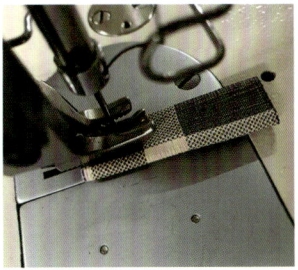

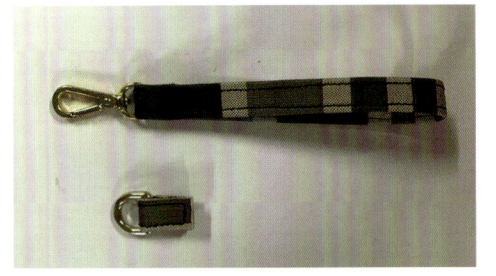

图3-3-20

（5）把面料的内里翻到外面，缝合大身两侧，在一侧上端放入 D 扣和耳仔料，如图 3-3-21 所示。

图 3-3-21

（6）对齐拉合打角位，缝合打角位，如图 3-3-22 所示。

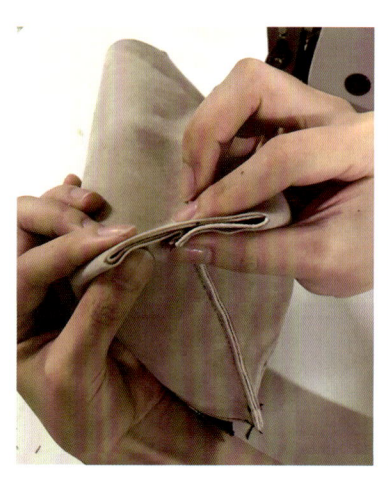

图 3-3-22

（7）从拉链口反面翻到正面，将袋口拉链头尾两端用棕色耳仔夹夹缝固定，把手挽的钩扣装入侧边耳仔的 D 扣内，如图 3-3-23 所示。

（8）制作完成，如图 3-3-24 所示。

图 3-3-23 　　　　　　　　　　图 3-3-24

任务四　水桶包袋的设计与制作

水桶包袋是指袋底是圆形或椭圆形的包袋，袋身呈水桶形。水桶包袋的款式可以用来制作女包袋，也可以用来制作男包袋。其特点是容量大、款式简洁实用。

本款水桶包袋主料选用了红色PU皮革面料，配料选用镭射布料，配件选用金色圆环把手1个、D扣五金2个。

一、画款式设计图线稿与效果图

设计师在设计初期常使用针管笔、秀丽笔等勾线稿的形式表现设计想法，然后通过手绘或计算机绘图软件上色、贴入材质的方式来表现效果图，如图3-4-1和图3-4-2所示。

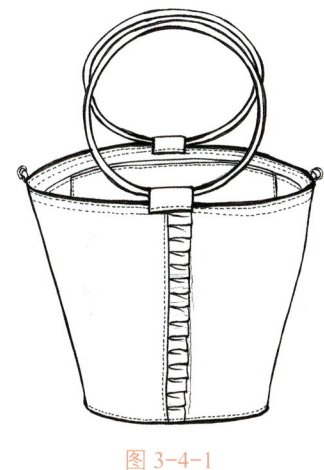

图 3-4-1　　　　　图 3-4-2

本款水桶包袋的工艺设计是椭圆形袋底，袋身是一整块料围到前幅中间进行缝合，搭配镭射布料制作的褶皱装饰边。配件选用了金色圆环把手，袋口两边制作了备用的D扣，可以搭配链条肩带使用。

二、画三视图

根据设计稿的效果图确定水桶包袋的实际制作尺寸，并用三视图标注出来，如图3-4-3所示。

三、纸样出格

在出格之前，先分析包袋形结构，椭圆形袋底与袋身前后两部分连接呈圆筒形，整体呈立体水桶造型结构。根据三视图的包袋形尺寸来确定包袋袋底与前后面料的尺寸。

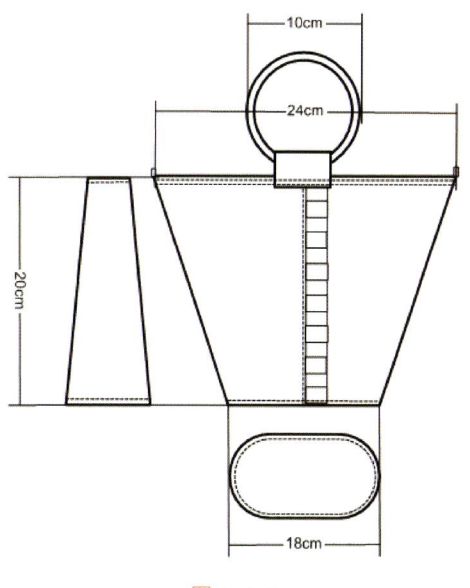

图 3-4-3

（1）出袋底纸样。打十字线，先确定宽度和高度尺寸，然后切割合适的圆角弧度，袋底边缘工艺标注为油边，切割纸格得到袋底面料，同时也是里布料、袋底衬料的纸样，如图 3-4-4 所示。

图 3-4-4

（2）出大身料、大身料衬料、内贴以及里布纸样。大身料的上下两边长度要和袋底的周长相等，在两侧边标注搭位和油边的加工余量，上下两边也要标注油边和搭位的加工余量。从大身料纸格上分解出大身料衬料纸样、内部部件的内贴和里布纸样，分别标注不同的加工余量，如图 3-4-5 所示。

图 3-4-5

（3）出里布吊袋纸样。本款水桶包袋的内部空间设计了一个吊袋，大小为 16 cm×15 cm，采用了一块面料回折的工艺，如图 3-4-6 所示。

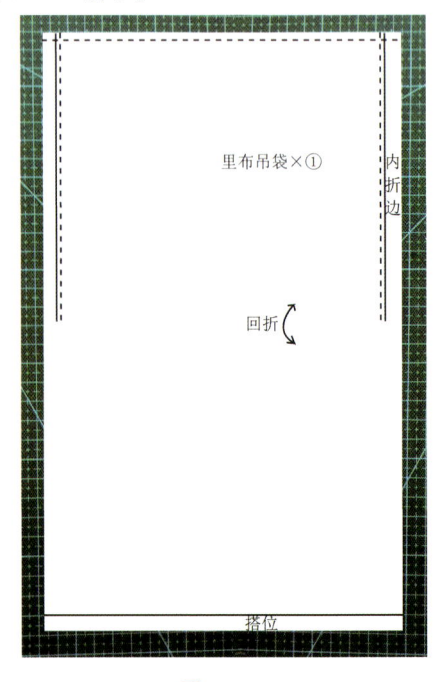

图 3-4-6

（4）出前褶皱装饰纸样。该装饰设计了9个褶皱，每个褶皱深度为1 cm，如图3-4-7所示。

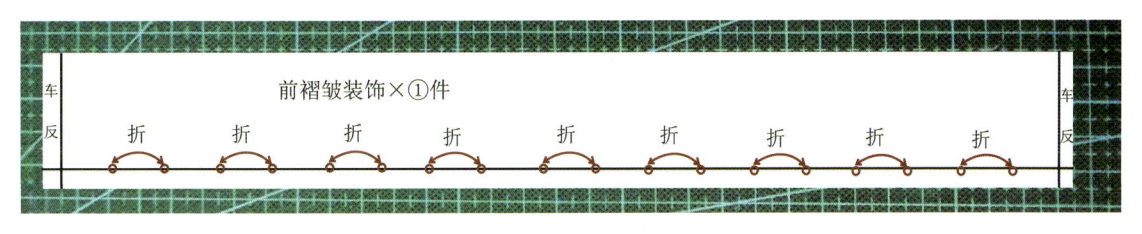

图 3-4-7

（5）首先，出放入D扣耳仔料纸样，确定长度和宽度，加上折边加工余量。然后，出圆环手挽耳仔料纸样，标注油边工艺。最后，检查纸样是否完整，如图3-4-8所示。

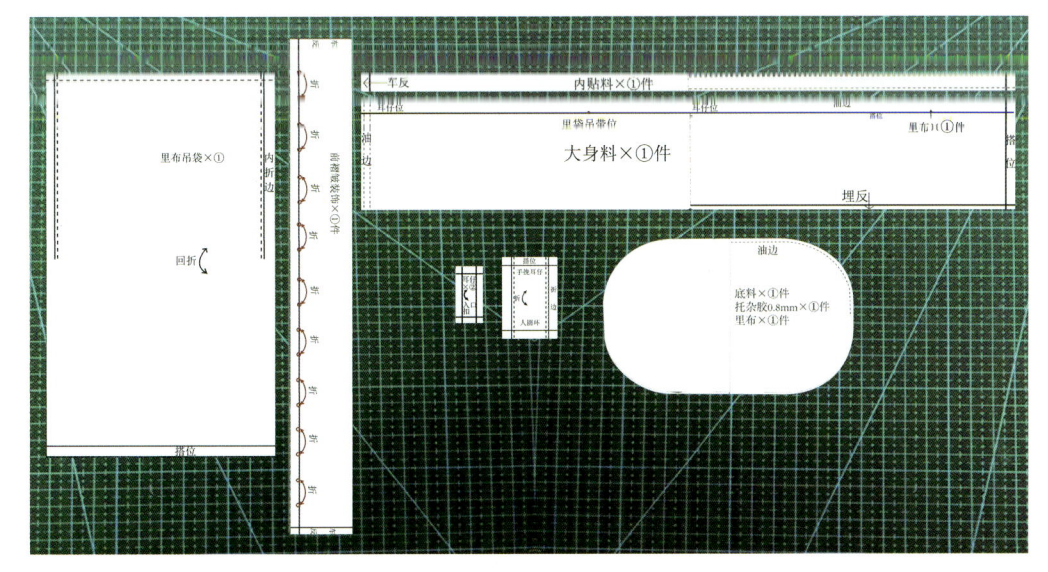

图 3-4-8

四、配料、画料与裁料

首先挑选合适的制作水桶包袋用的面料、里布和配料，分别把面料纸样、配料纸样平铺到面料和配料上，用水银笔进行画样，然后用剪刀裁剪出来，如图3-4-9至图3-4-12所示。

图 3-4-9

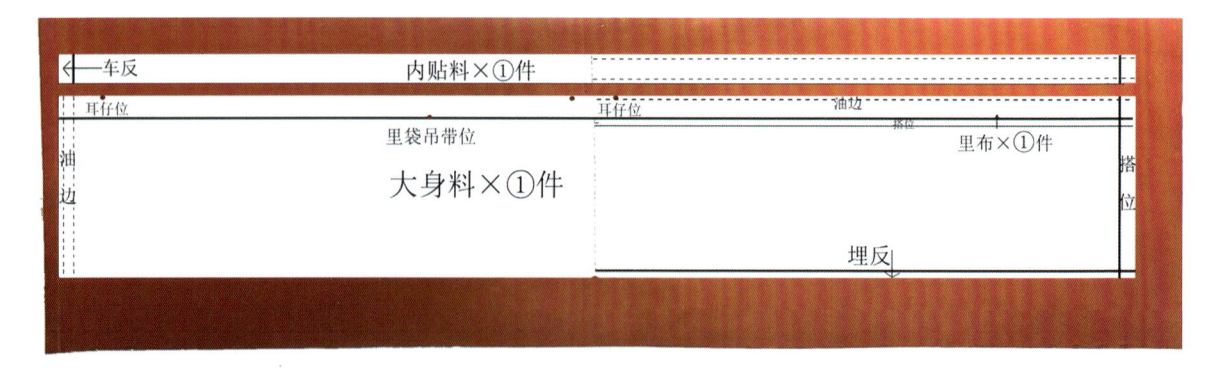

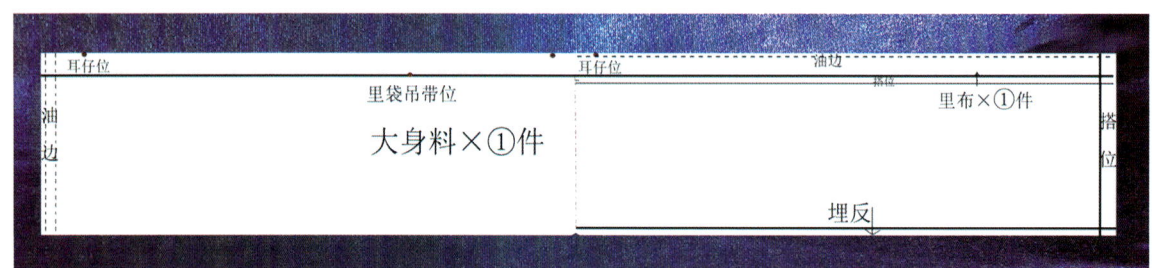

图 3-4-10

图 3-4-11

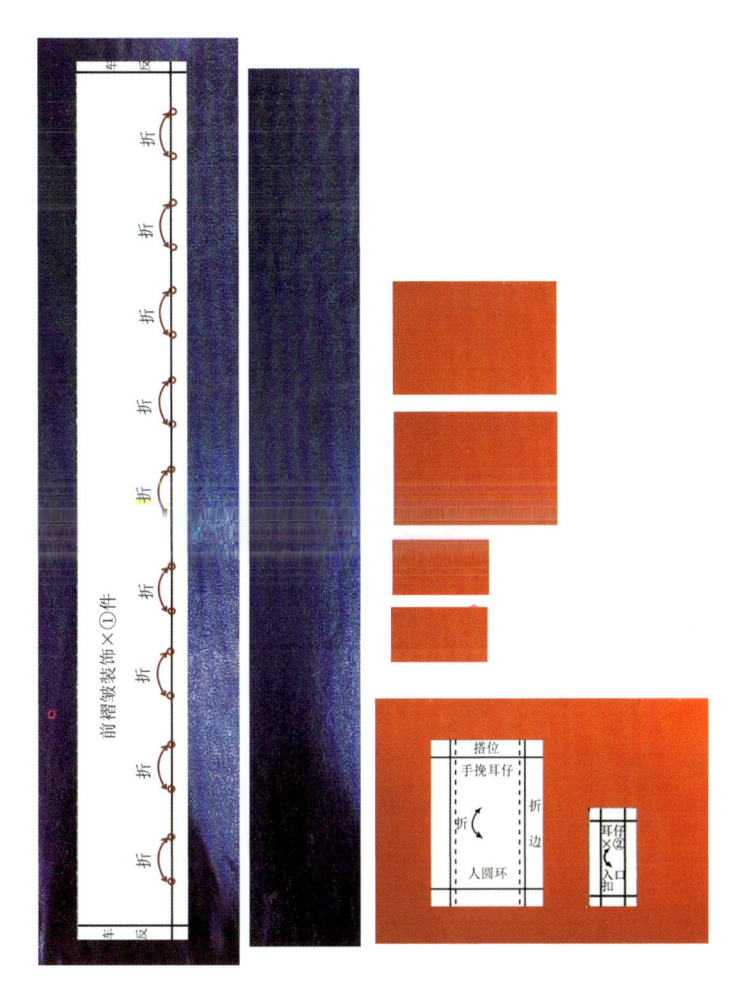

图 3-4-12

然后按照整套纸格核对所有制作材料、配件是否齐全，如图 3-4-13 所示。

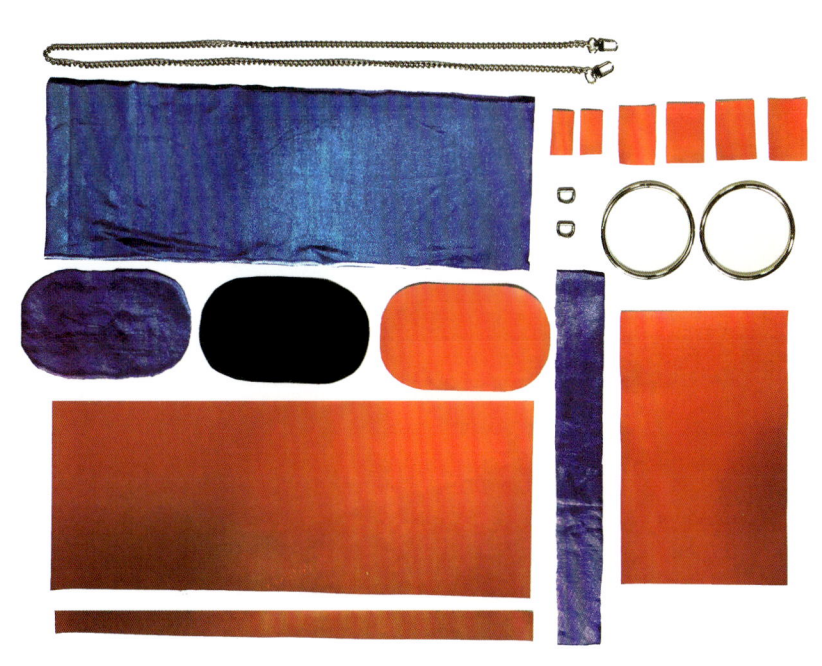

图 3-4-13

五、台面手工制作

（1）把袋底面料、衬料背面涂上胶水粘贴在一起，如图 3-4-14 所示。

图 3-4-14

（2）把 D 扣耳仔料背面涂上胶水后折边，2 片圆环耳仔料背面涂上胶水后进行两面粘贴，如图 3-4-15 所示。

图 3-4-15

（3）把涂上胶水对贴的圆环耳仔料进行油边，如图 3-4-16 所示。

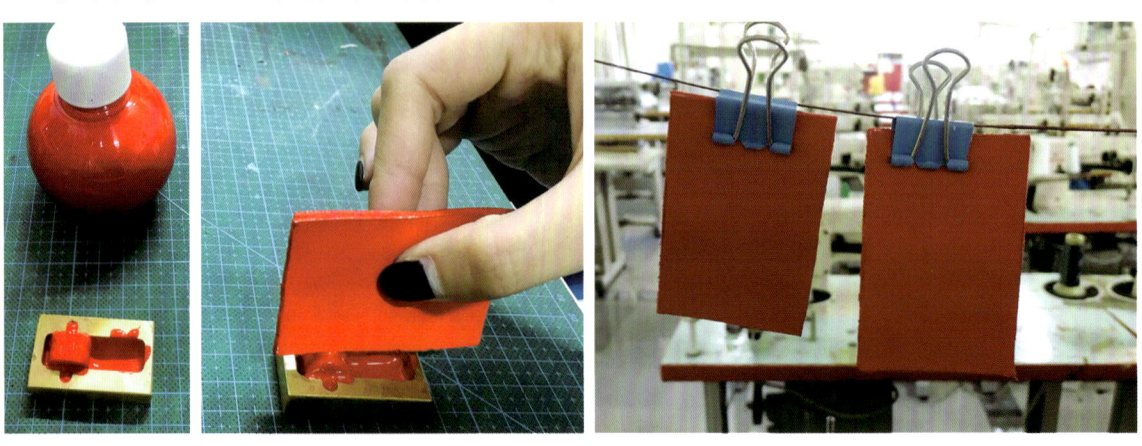

图 3-4-16

（4）把大身料左侧边进行油边备用。

（5）把前褶皱装饰料背面涂上胶水对贴后按照纸样折出褶皱，如图 3-4-17 所示。

图 3-4-17

（6）把里布背面上边涂上胶水折边，如图 3-4-18 所示。

图 3-4-18

（7）把折边后的里布上边再次涂上胶水，内贴下边边缘正面涂上胶水，然后把这两部分黏合在一起，如图 3-4-19 所示。

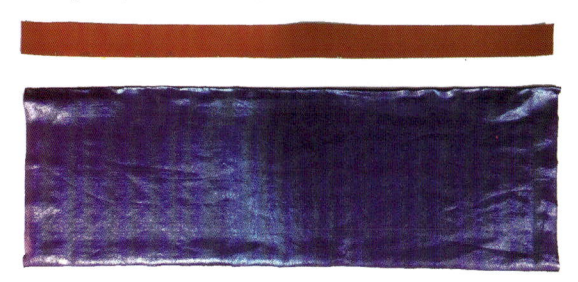

图 3-4-19

（8）把内吊袋面料和里布边缘黏合，回折成一边高、一边低，留出口袋位置，如图 3-4-20 所示。

图 3-4-20

六、缝制成型

（1）把粘好内贴的大身里布缝合。先把内吊袋两侧边缝合，然后把内吊袋一起缝合，缝上边缘一条线，如图3-4-21所示。

图 3-4-21

（2）把大身里布两侧边缝合，呈圆筒状，与袋底里布在背面缝合，然后翻袋备用，如图3-4-22所示。

图 3-4-22

（3）把D扣耳仔料、圆环耳仔料缝线后进行回折放入D扣和圆环，下边缘车线固定备用，如图3-4-23所示。

图 3-4-23

（4）用柱车缝纫机车缝大身料中部，同时缝入褶皱装饰，缝合后袋身呈圆筒形，如图 3-4-24 所示。

图 3-4-24

（5）将缝合成圆筒形的大身料与袋底料缝合，如图 3-4-25 所示。

图 3-4-25

（6）把外部面料和里布背对背装入袋口，同时袋口分别放入手挽耳仔、D 扣耳仔，在袋口一周进行最后缝合，如图 3-4-26 所示。

图 3-4-26

（7）将缝合好的袋口和底部双层边缘进行油边，如图3-4-27所示。

（8）最后制作完成，如图3-4-28所示。

图 3-4-27　　　　　　　　　　　　图 3-4-28

任务五　手提包袋的设计与制作

手提包袋是指手提部分较短，不能挎到肩膀上，只能挂在手腕或胳膊上使用的包袋袋。

本任务设计了一种埋反结构的手提包袋，是一款小巧的女包袋款式，采用PU皮革材质面料、镭射布料，袋身前后幅和袋底为长方形、侧边为底边圆角的梯形结构。

本款女士手提包袋主料选用了红色PU皮革面料，配料选用了镭射布料，配件袋口设计了褶皱装饰边，内置里布和插袋，D扣五金2个，搭配1条链条肩带。

手提包

一、画款式设计图线稿与效果图

设计师在设计初期常使用针管笔、秀丽笔等勾线稿的形式表现设计想法。然后通过手绘或计算机绘图软件上色、贴入材质的方式来表现效果图，如图3-5-1和图3-5-2所示。

图 3-5-1 　　　　　　　　　　　　图 3-5-2

二、画三视图

根据设计稿的效果图确定手提包袋的实际制作尺寸，并用三视图标注出来，如图 3-5-3 所示。

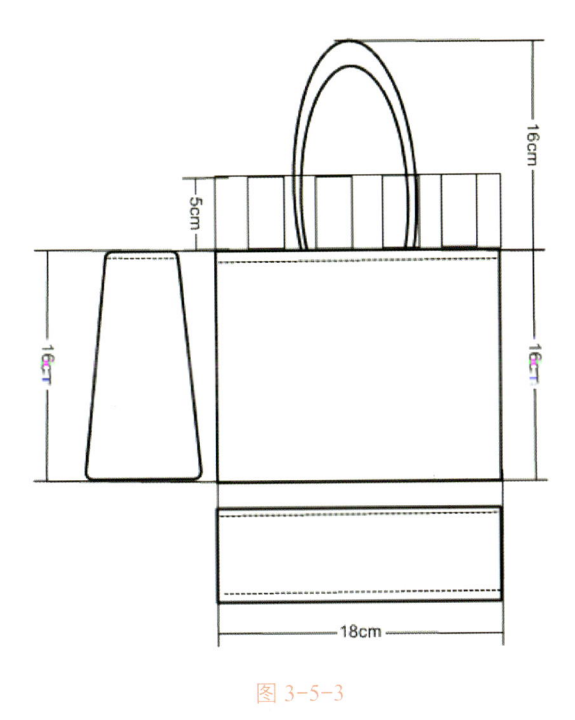

图 3-5-3

三、纸样出格

在出格之前，先分析包袋形结构，袋身前后幅和袋底为长方形、侧边为梯形结构。然后根据三视图的包袋形尺寸来确定侧边梯形横头料、袋底料和前后幅面料的尺寸。

（1）出横头料纸样。打对称线，先定横头一半的宽度和高度，然后切割出底边合适的圆角弧度，袋口边标注油边工艺，其他两边加上埋反的加工余量，切割出侧边横头料的纸样，写上"横头料 × ②件"，如图 3-5-4 所示。

（2）出前后幅料纸样。打对称线，先定前后幅一半的宽度和高度，底边加上搭位的加工余量，两侧边加上埋反的加工余量，袋口边标注油边工艺。切割前后幅料的纸样，写上"前后幅料各一件 前后幅托 0.6 mm 杂胶 × ②件"，如图 3-5-5 所示。

图 3-5-4

图 3-5-5

（3）出袋底料纸样。打十字线，先定袋底1/4的宽度和高度，侧边加上埋反的加工余量，长边标注油边工艺。切割袋底料的纸样，写上"底料（托0.8 mm硬杂胶）×①件"，如图3-5-6所示。

图3-5-6

（4）出里布纸样。这款包袋的外形比较方正，可以用打角的制作方法，只需要前后两片里布料的工艺结构，具体尺寸可以根据前后幅料、袋底料比对算出。最后标注内插袋的缝线位，如图3-5-7所示。

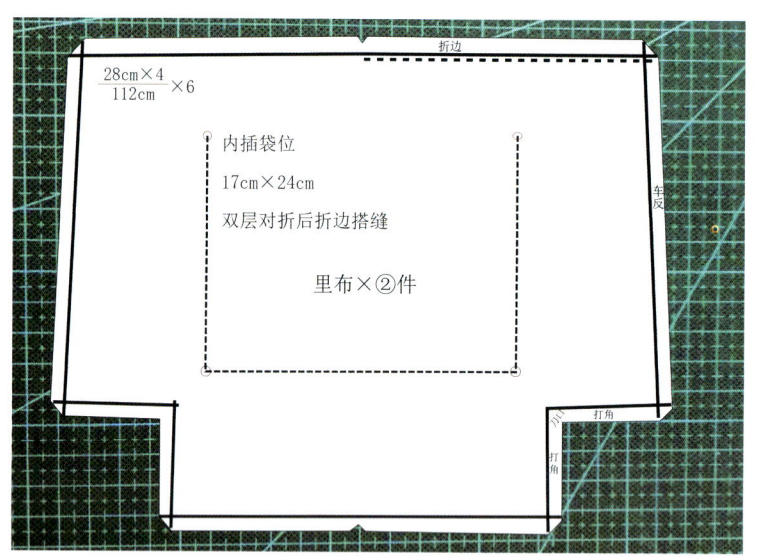

图3-5-7

（5）出D扣耳仔料纸样。常用回折的折边方法放入D扣，如图3-5-8所示。

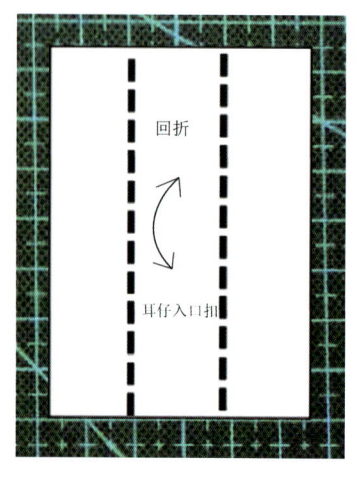

图3-5-8

（6）写出内袋吊袋、手挽料、袋口褶皱装饰料的尺寸。
（7）最后检查纸样是否完整，如图3-5-9所示。

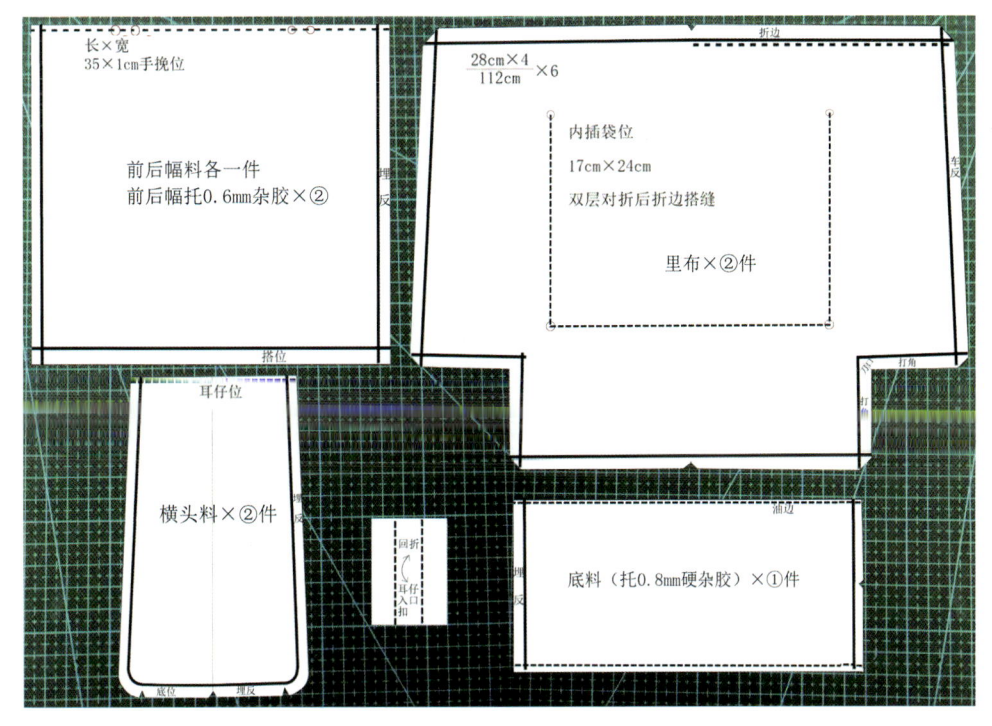

图 3-5-9

四、配料、画料与裁料

挑选合适的制作手提包袋用的面料、里布和配料，分别把面料纸样、配料纸样平铺到面料和配料上，用水银笔进行画样，如图3-5-10至图3-5-16所示。

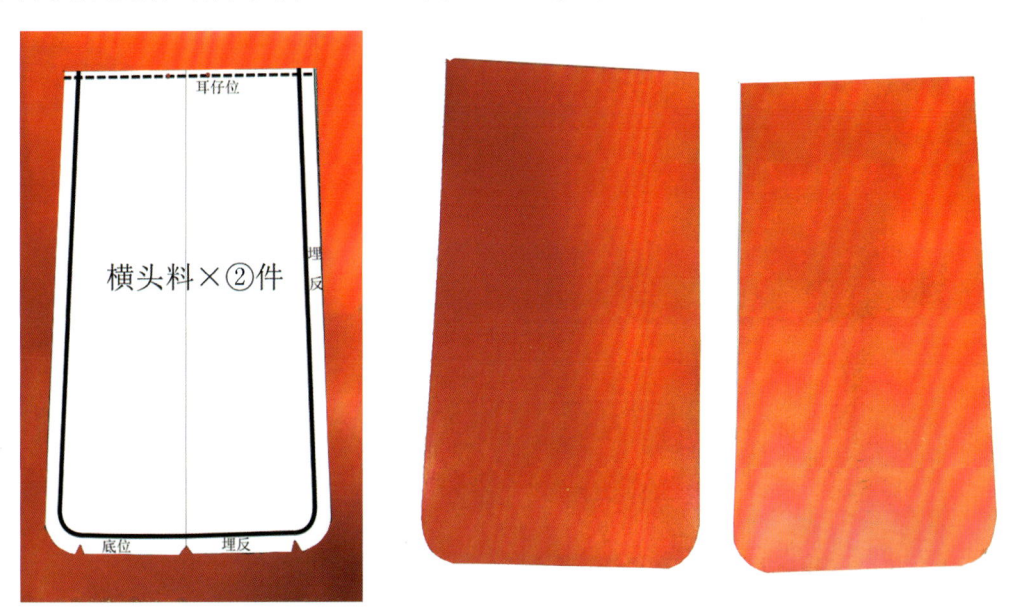

图 3-5-10

长×宽
35×1cm手挽位

前后幅料各一件
前后幅托0.6mm杂胶×②

图 3-5-11

底料（托0.8mm硬杂胶）×①件

底料（托0.8mm硬杂胶）×①件

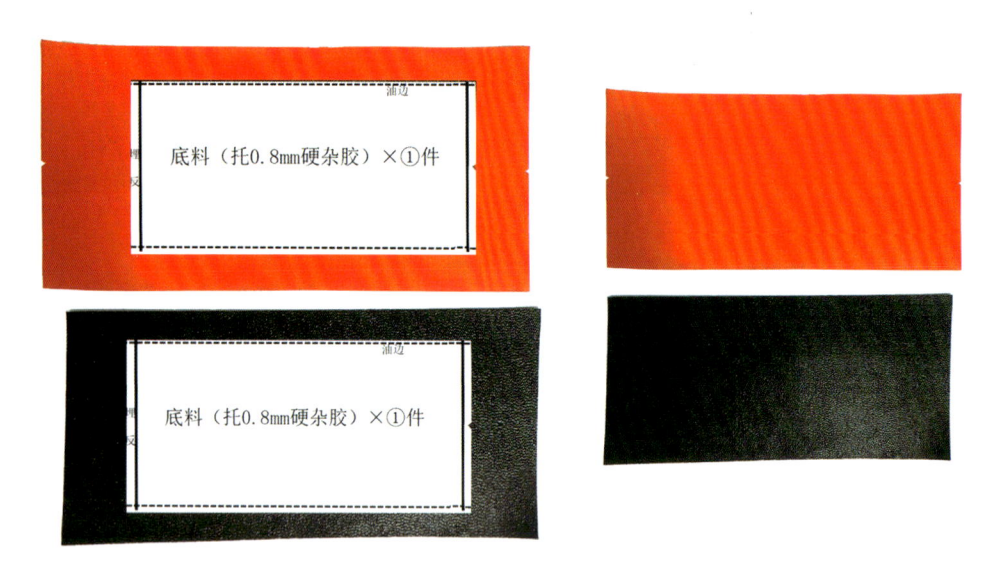

图 3-5-12

28cm×4×6
112cm
折边

内插袋位
17cm×24cm
双层对折后折边搭缝

里布×②件

图 3-5-13

图 3-5-14

图 3-5-15

图 3-5-16

五、台面手工制作

（1）把前后幅料、衬料背面分别涂上胶水粘贴在一起，如图 3-5-17 所示。

图 3-5-17

（2）把袋底料、衬料背面分别涂上胶水粘贴在一起，如图 3-5-18 所示。

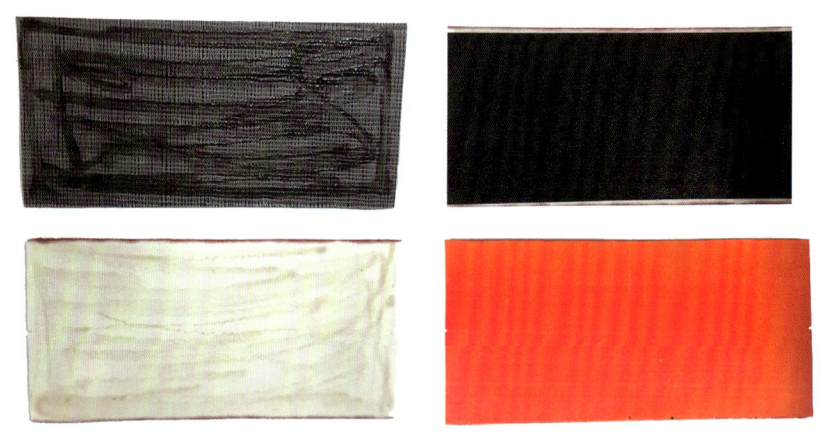

图 3-5-18

（3）把 D 扣耳仔料背面涂上胶水后折边，如图 3-5-19 所示。

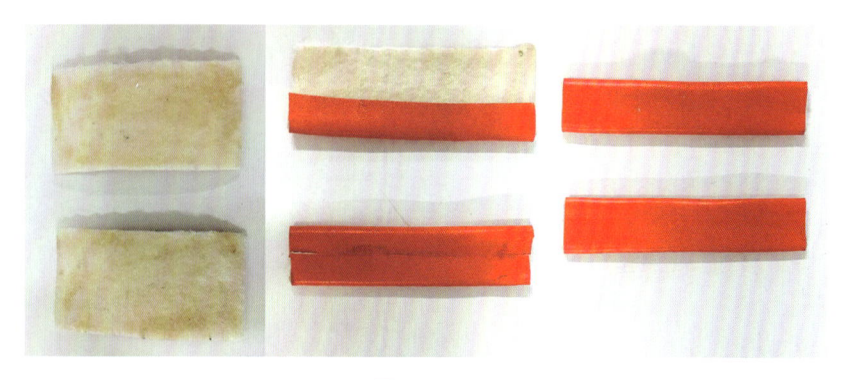

图 3-5-19

（4）把袋口褶皱装饰料背面涂上胶水粘贴后，折出褶皱粘贴下边缘固定，如图 3-5-20 所示。

图 3-5-20

（5）首先把内插袋里布料回折后粘贴两侧边缘，然后把袋口的面料饰条涂上胶水对折粘贴在内插袋袋口边，如图 3-5-21 所示。

图 3-5-21

（6）把粘贴好的前后幅料、袋底料粘贴在一起，如图 3-5-22 所示。

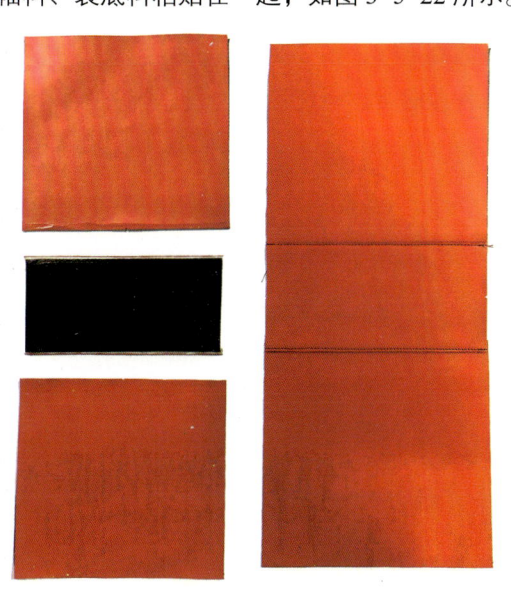

图 3-5-22

六、缝制成型

（1）把已粘贴在一起的前后幅料、袋底料用厚料平缝机从袋底的两侧车缝两条线进行缝合，如图3-5-23所示。

（2）手挽料折边后在一边缝合，如图3-5-24所示。

图3-5-23　　　　　　　　　　图3-5-24

（3）放入D扣，缝合D扣耳仔料，如图3-5-25所示。

（4）把内插袋压缝在前幅料里布上，如图3-5-26所示。

图3-5-25　　　　　　　　　　图3-5-26

（5）缝合前后幅料里布，先缝合侧边和底部，然后再缝合打角位置，如图3-5-27所示。

（6）把前后幅料里布袋口折边，然后翻袋备用，如图3-5-28所示。

图3-5-27　　　　　　　　　　图3-5-28

（7）先把袋口褶皱装饰粘贴在前后幅料边缘，再把横头料与已缝合好的前后幅料和袋底料侧边粘贴在一起，最后用高车缝纫机进行埋反缝合，如图3-5-29所示。

（8）把内里翻袋到外面，放入面料口袋内，对齐袋口缝合一周，同时缝合手挽料、D扣耳仔，安装链条肩带，制作完成，如图3-5-30所示。

图 3-5-29

图 3-5-30

单肩包款式设计
效果图

手拎包款式设计
效果图

双肩包款式设计
效果图

箱包款式设计
效果图

斜挎包款式设计
效果图

腰包、胸包款式设
计效果图

课后思考及习题

1. 扫描二维码了解包袋的概述、造型设计、装饰设计并进行包袋的作品欣赏；
2. 搜集古今中外包袋的作品图片，进行对比；
3. 讨论中国元素、民族文化在包袋设计中的应用；
4. 分析系列服饰品设计如何体现系列化；
5. 设计 1 个具有中国元素的系列包袋，包含 2-3 款单品，画出款式图和效果图并配有设计说明，选取一款进行实物制作，制作工艺精美。

箱包设计实战
案例

项目四
鞋子

知识目标

1. 了解不同款式鞋子的造型特点；
2. 知道不同造型、材质的鞋子在加工过程中的工艺标准；
3. 广泛了解经典作品的文化内涵。

能力目标

1. 培养学生的设计热情和设计能力，增强职业竞争力；
2. 具备市场调研、市场分析的能力，了解国内国际行情及发展现状；
3. 掌握新材料、新工艺流程，在设计环节体现新思潮，考虑文化、健康及环境等因素。

素养目标

1. 增强学生的环保意识；推动绿色发展，促进人与自然和谐共生；
2. 培养良好的职业道德，在产品设计与制作的过程中体现职业素养；
3. 通过项目实操，培养学生耐心严谨的敬业精神，养成认真勤奋的职业意识，厚植劳模精神。

鞋子有着悠久的发展史，是保护人们脚不受伤的一种工具。鞋子发展到现在，各种样式、功能的随处可见。

任务一　鞋子的造型设计

鞋子的造型设计　　鞋子概述

一、高跟鞋的造型设计

高跟鞋多与正装、礼服搭配，造型都比精致，鞋头有尖头、小圆头、小方头，鞋跟可以从粗细、高低、规则与不规则等角度设计；鞋身造型包括包头设计、开口设计（图4-1-1至图4-1-4）。

图 4-1-1　　图 4-1-2　　图 4-1-3　　图 4-1-4

二、男士正装鞋的造型设计

男士正装鞋多为较硬的皮革制作，鞋头造型以小尖头和小圆头为主，鞋身造型简约修长，鞋身开口在脚踝以下，鞋跟造型以 1～3 cm 的低跟为主（图 4-1-5 至图 4-1-7）。

图 4-1-5　　图 4-1-6　　图 4-1-7

三、平底休闲鞋的造型设计

平底休闲鞋的造型设计要考虑穿着舒适、轻便，鞋跟造型可以单独设计，也可以与鞋底一体设计。鞋头多为圆头、方头、小尖头造型，鞋身造型没有太多限制，可以根据鞋子的风格进行设计（图 4-1-8 和图 4-1-9）。

图 4-1-8 　　　　　　　　　　　　　图 4-1-9

四、运动鞋的造型设计

　　运动鞋的造型设计要考虑不同运动项目的需求,强调鞋子的功能性。鞋头以圆头造型为主;鞋跟为 1～3 cm 的低跟,可以单独设计,也可以与鞋底一体设计。鞋身开口在脚踝附近(图 4-1-10 至图 4-1-13)。

图 4-1-10 　　　图 4-1-11 　　　图 4-1-12 　　　图 4-1-13

五、靴子的造型设计

　　鞋身高过脚踝的鞋子统称为靴,脚踝以上部位称为靴筒。按照靴筒的高低划分,靴子可分为低筒靴、中筒靴和高筒靴。靴子的造型设计涉及靴头、靴身、靴底、靴跟与靴筒,设计时要考虑靴子的风格,如优雅风格的造型应简约纤巧,街头风格的造型应浑厚奔放等(图 4-1-14 至图 4-1-16)。

图 4-1-14 　　　　　　　　　　　图 4-1-15

图 4-1-16

鞋子的款式设计

鞋子的造型设计图片欣赏

任务二　鞋子的装饰设计

一、鞋子的拼接设计

拼接设计是运用异质色彩元素、面料元素及装饰元素，根据不同风格进行的拼搭设计，在运动鞋、休闲鞋中的应用尤为广泛，不同的色块、袢带、材质将鞋子的动感烘托出来，突出鞋子的跳跃性（图4-2-1至图4-2-4）。

图 4-2-1

图 4-2-2 　　　　　　　　图 4-2-3 　　　　　　　　图 4-2-4

二、鞋子的增型设计

鞋子的增型设计中经常会用到立体花、流苏、袢带、铆钉、珠片、亚克力等装饰，以突出鞋子的风格特色。如与礼服搭配的鞋子可以利用立体花、蕾丝、缎带、珠片等进行装饰设计，朋克风格的鞋子可以利用铆钉、拉链、缉粗线等进行装饰设计（图4-2-5至图4-2-9）。

图 4-2-5 　　　　　　　　　　　　　图 4-2-6

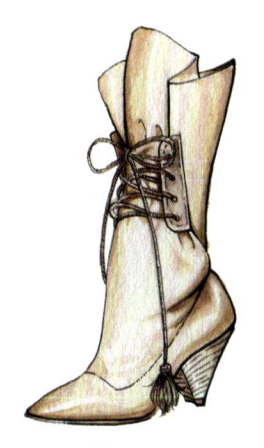

图 4-2-7 　　　　　　　　图 4-2-8 　　　　　　　　图 4-2-9

三、鞋子的图案设计

鞋子的图案设计可以使用印花、雕刻、拼贴、刺绣等手法表现在每一个部位，不同表现手法会展现出不同的视觉效果，并且能呈现出不同的风格（图 4-2-10 至图 4-2-12）。

图 4-2-10

图 4-2-11

鞋子的装饰设计

鞋子的装饰设计图片欣赏

图 4-2-12

任务三　浅口鞋及变化款型的制版与制作

浅口鞋如今已成为女性出入各种场合常穿的一种款式。浅口鞋造型变化集中于头式和前鞋口部位的装饰上，结构变化上相对简单，但结构设计难度却较大，因为这种鞋开口很大，没有其他部件固定于脚，脚容易滑出鞋外。因此，浅口鞋结构与样板设计关键在于既能保证脚容易穿进去，又不能使鞋不跟脚（图 4-3-1）。

图 4-3-1

一、工具、材料准备

工具：尺子、美工刀、美纹纸、软尺、锥子、分规、鞋楦、鞋底等，如图 4-3-2 所示。
材料：面料植绒皮、内里猪皮，如图 4-3-3 所示。

图 4-3-2

图 4-3-3

二、浅口鞋制版与制作工艺

1. 贴楦

使用美纹纸，在鞋楦上从前往后贴鞋楦的半侧面，美纹纸之间重叠一半，直到把鞋楦的外踝半侧面贴满，如图 4-3-4 至图 4-3-6 所示。

图 4-3-4

图 4-3-5

图 4-3-6

2. 画背中线及半侧面轮廓线

以鞋楦半面为准，在鞋背部和后脚踝中间画背中线，楦底和楦筒口沿着边沿画出来，然后把外围多余的量用美工刀割下来，如图 4-3-7 至图 4-3-10 所示。

3. 绘制 T 字线

按照下面四个步骤绘制 T 字线：

（1）后脚踝点从下往上 5.5 cm 取点，如图 4-3-11 和图 4-3-12 所示。

（2）脚前方两侧最外点连线，如图 4-3-13 所示。

图 4-3-7

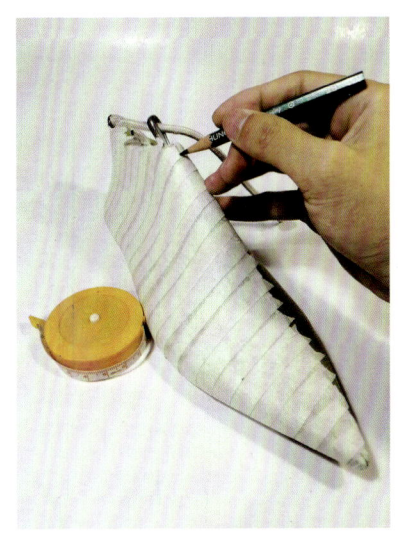

图 4-3-8

图 4-3-9

图 4-3-10

图 4-3-11 　　　　　　　　　图 4-3-12 　　　　　　　　　图 4-3-13

（3）取中点，如图 4-3-14 和图 4-3-15 所示。
（4）把中点和后脚踝点连接起来，如图 4-3-16 和图 4-3-17 所示。

4．画鞋款

在鞋楦上以 T 字线为基准比例，画出设计的款式，如图 4-3-18 和图 4-3-19 所示。

图 4-3-14 　　　　　　　　　图 4-3-15 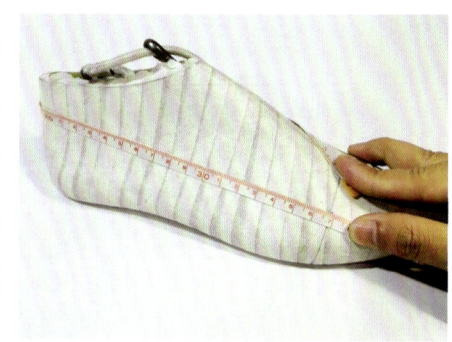　　　　　　　　　图 4-3-16

图 4-3-17 　　　　　　　　　图 4-3-18 　　　　　　　　　图 4-3-19

5．制作原始纸版

首先把多余美纹纸裁切掉；然后把美纹纸取下来贴在卡纸上，处理平整；最后用美工刀切割下来，如图 4-3-20 至图 4-3-23 所示。

图 4-3-20 　　　　　　　　　　　　　　　图 4-3-21

图 4-3-22 　　　　　　　　　　　　　　　图 4-3-23

6. 制作帮面半面版

将原始纸版复制下来，鞋底部加 2 cm 绷帮量，后脚踝上减 1 mm、下减 3 mm 后画出后脚踝弧线，裁下帮面半面版，如图 4-3-24 和图 4-3-25 所示。

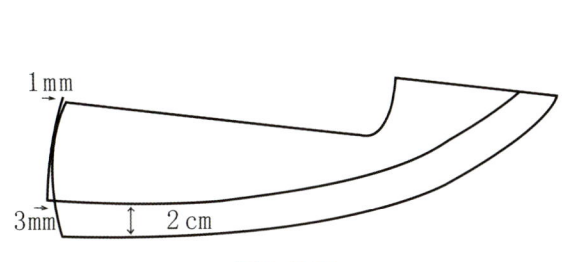

图 4-3-24 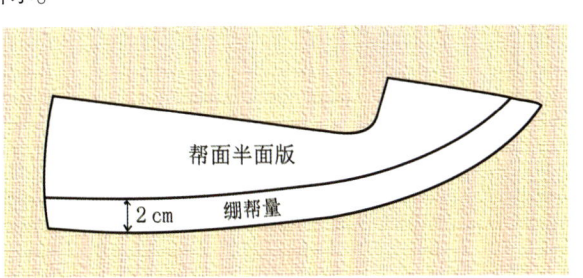　　　　　　　　　　　　　　　图 4-3-25

7. 制作内里半面版

将帮面半面版复制下来，后脚踝上减 2～3 mm、下减 3～4 mm，鞋头前减 3 mm、后减 1 mm，外加量 5 mm，后帮断开上处 5 cm、下处 6 cm，后把内里半面版裁下来，如图 4-3-26 和图 4-3-27 所示。

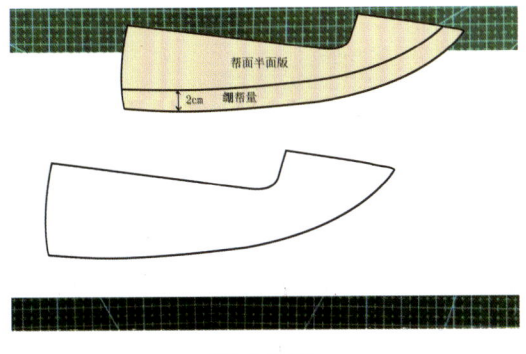

图 4-3-26 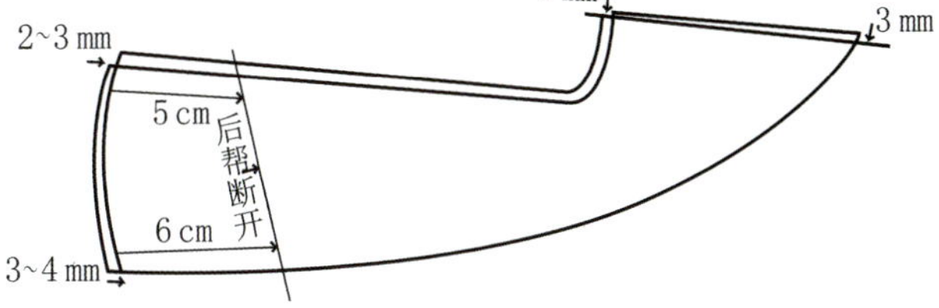　　　　　　　　　　　　　　　图 4-3-27

帮面和内里半面版制作完成，如图 4-3-28 所示。

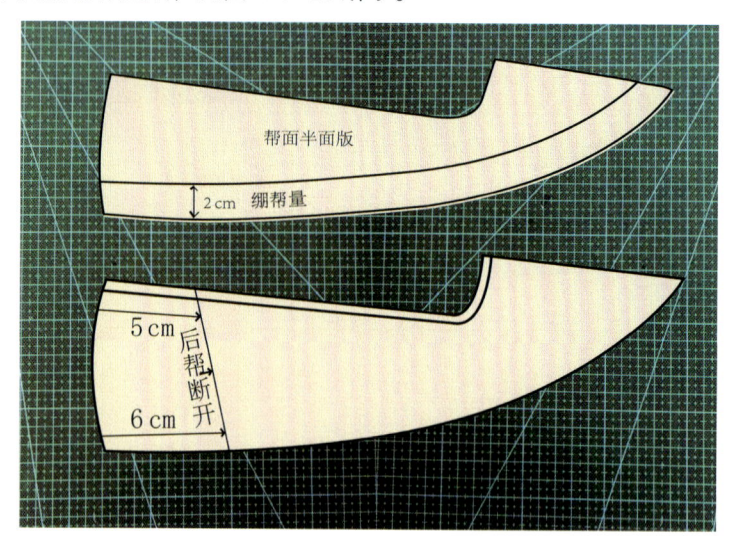

图 4-3-28

8．制作另外一部分的帮面半面版和内里半面版

以半面版轴对称方式做出另外一部分，裁下正版，如图 4-3-29 和图 4-3-30 所示。

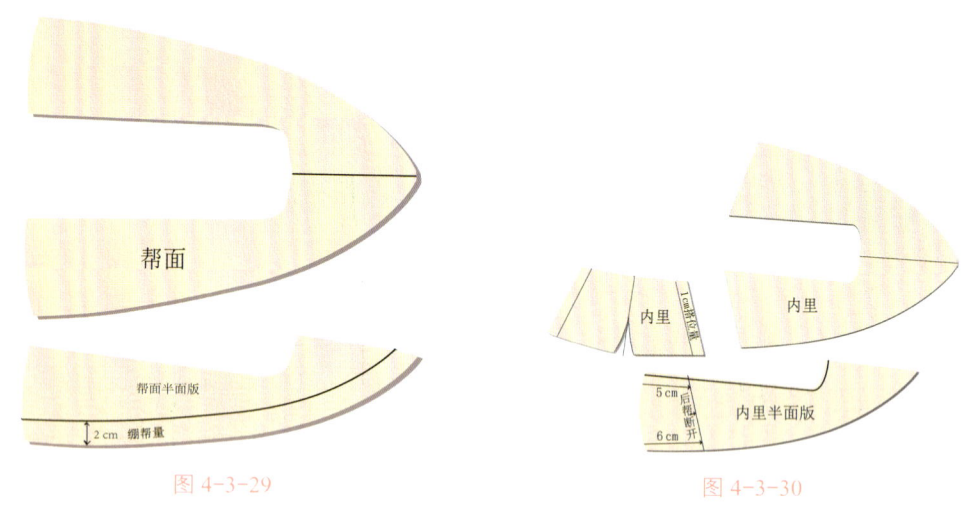

图 4-3-29

图 4-3-30

9．下料

将正版放到面料上用水银笔画出轮廓线，用美工刀将材料裁下，如图 4-3-31 至图 4-3-33 所示。

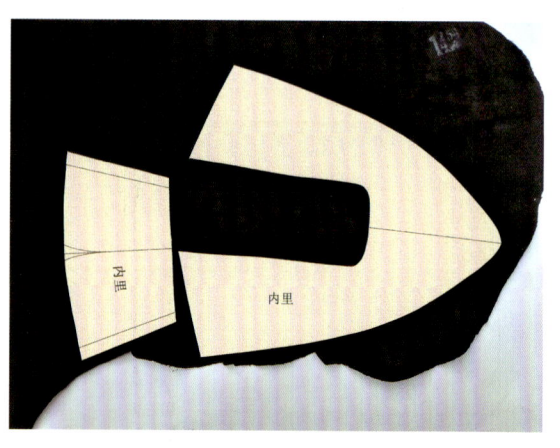

图 4-3-31

图 4-3-32

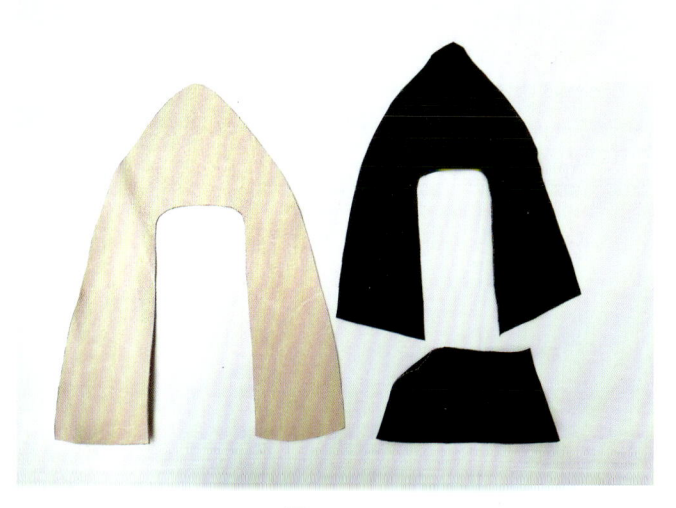

图 4-3-33

10. 帮面内里缝合

帮面后脚踝埋反车缝，内里搭位车缝，如图 4-3-34 至图 4-3-37 所示。

图 4-3-34 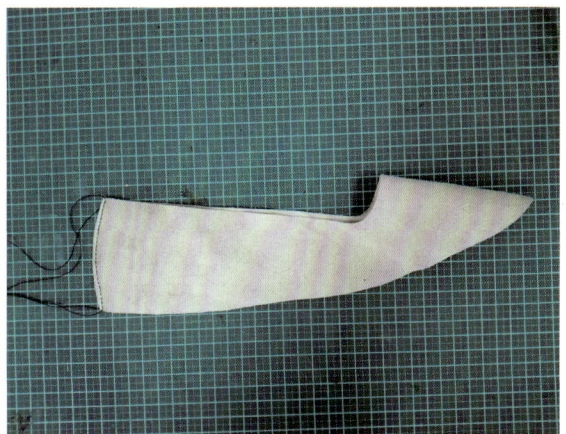　　　　　　　　　　　图 4-3-35

图 4-3-36 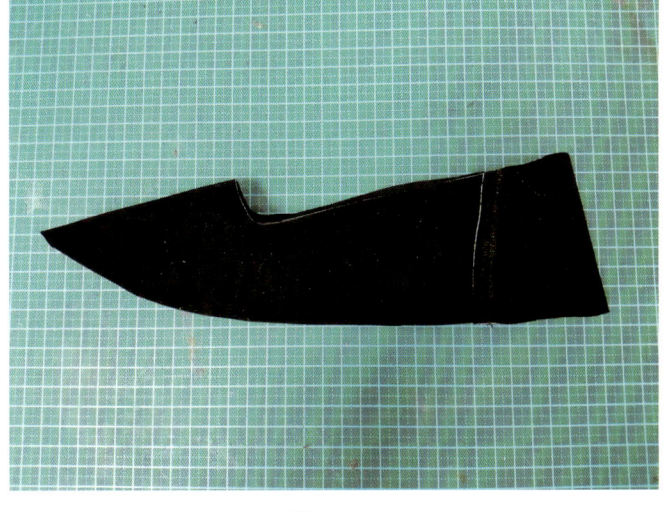　　　　　　　　　　　图 4-3-37

把内里套进帮面，外沿伸出加量5 mm，沿着帮面外沿将帮面和内里车缝起来，如图4-3-38至图4-3-40所示。

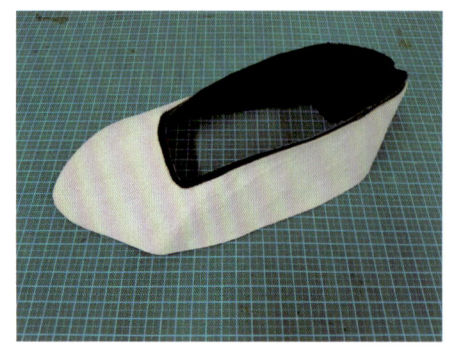

图4-3-38 　　　　　　　　　　图4-3-39 　　　　　　　　　　图4-3-40

11．绷帮

固定中底，用钉子固定出鞋型，后用剪刀把内里剪短，涂上胶水，待半干后粘贴帮面，如图4-3-41至图4-3-46所示。

图4-3-41 　　　　　　　　　　　　　　　　图4-3-42

图4-3-43 　　　　　　　　　　　　　　　　图4-3-44

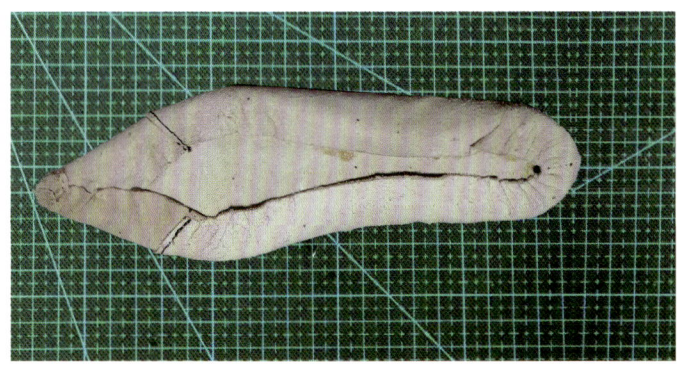

图 4-3-45　　　　　　　　　　　　　　　图 4-3-46

12. 刷胶

将鞋楦放到鞋底上面找准涂胶水的位置，用小毛刷在鞋楦底和鞋底贴合处均匀涂上胶水，如图 4-3-47 至图 4-3-49 所示。

图 4-3-47　　　　　　　　　图 4-3-48　　　　　　　　　图 4-3-49

13. 贴底

把涂上胶水的鞋楦底和鞋底放进灯光烤箱加热后取出，将鞋底贴上，用力压实，如图 4-3-50 至图 4-3-53 所示。

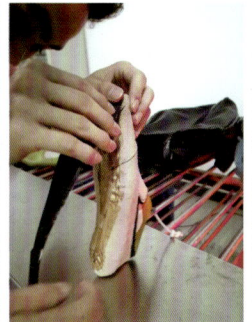

图 4-3-50　　　　　图 4-3-51　　　　　图 4-3-52　　　　　图 4-3-53

14. 整饰

将多余的面料剪除，把鞋子上的赃物清理干净，如图 4-3-54 和图 4-3-55 所示。

浅口鞋制作完成，如图 4-3-56 和图 4-3-57 所示。

图 4-3-54 　　　　　　　图 4-3-55 　　　　　　　图 4-3-56 　　　　　　　图 4-3-57

三、浅口鞋变化款型的制版与制作

本任务是在浅口鞋基础上变化进行制版及制作，制作步骤与浅口鞋制作步骤相同。利用多种技术工具和创新精神解决遇到的问题，促进"工匠精神"的养成。

1. 画鞋款

画鞋款，如图 4-3-58 和图 4-3-59 所示。

图 4-3-58 　　　　　　　　　　　　　　　　图 4-3-59

2. 制作原始纸版

制作原始纸版，如图 4-3-60 至图 4-3-62 所示。

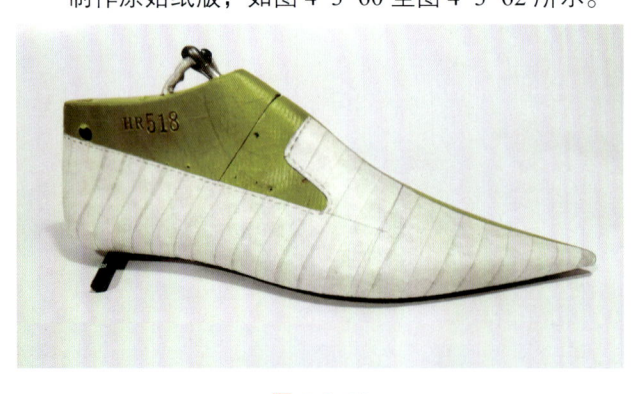

图 4-3-60 　　　　　　　　　　　　　　　　图 4-3-61

图 4-3-62

3．制作帮面半面版

制作帮面半面版，如图 4-3-63 至图 4-3-65 所示。

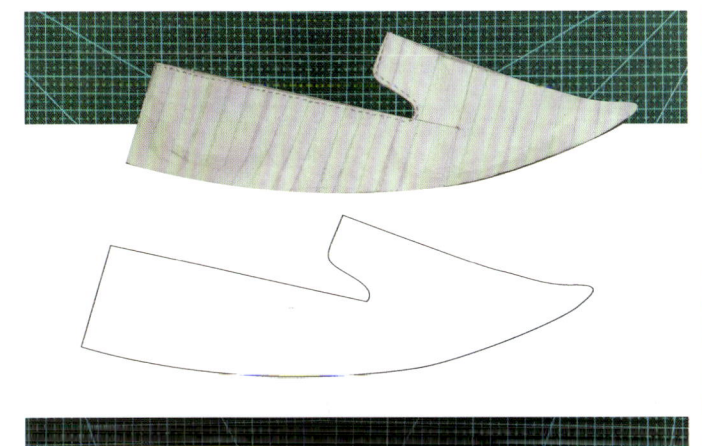

图 4-3-64

图 4-3-63

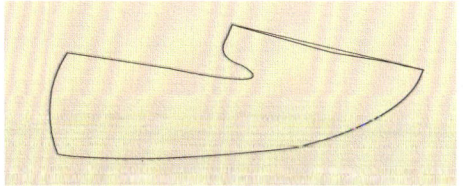

图 4-3-65

4．制作内里半面版

制作内里半面版，如图 4-3-66 和图 4-3-67 所示。

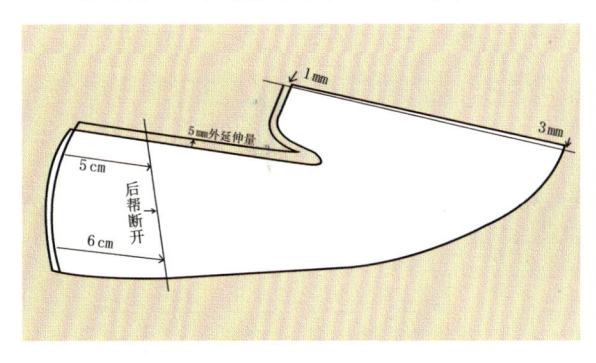

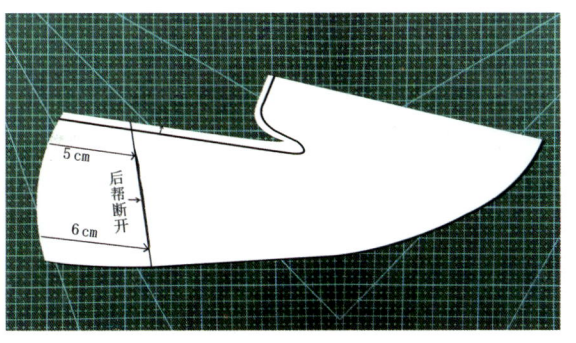

图 4-3-66

图 4-3-67

5．制作另外一部分的帮面半面版和内里半面版

制作另外一部分的帮面半面版和内里半面版，如图 4-3-68 所示。

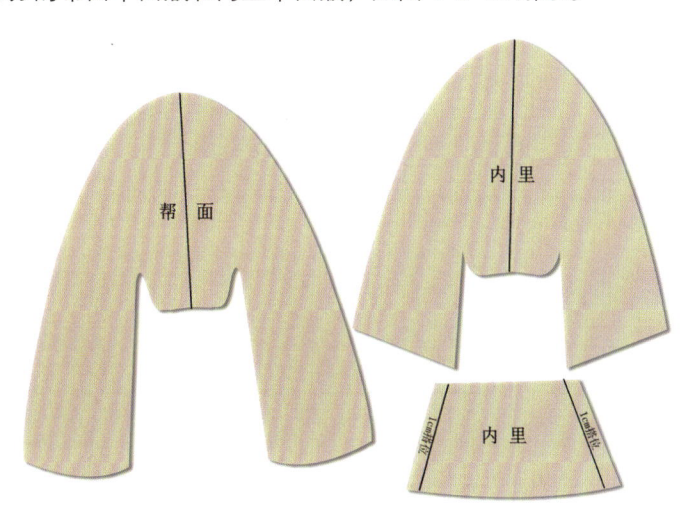

图 4-3-68

6. 下料

下料，如图 4-3-69 和图 4-3-70 所示。

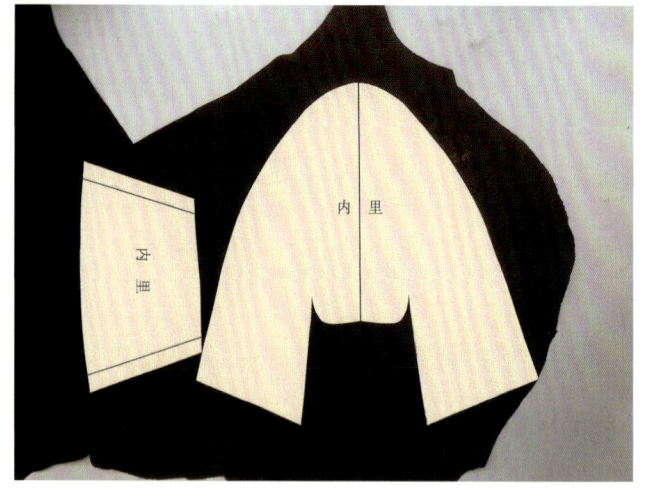

图 4-3-69

图 4-3-70

7. 帮面内里缝合

帮面内里缝合，如图 4-3-71 至图 4-3-77 所示。

图 4-3-71

图 4-3-72

图 4-3-73

图 4-3-74

图 4-3-75

图 4-3-76　　　　　　　　　　　　　　　图 4-3-77

8. 绷帮

绷帮，如图 4-3-78 至图 4-3-80 所示。

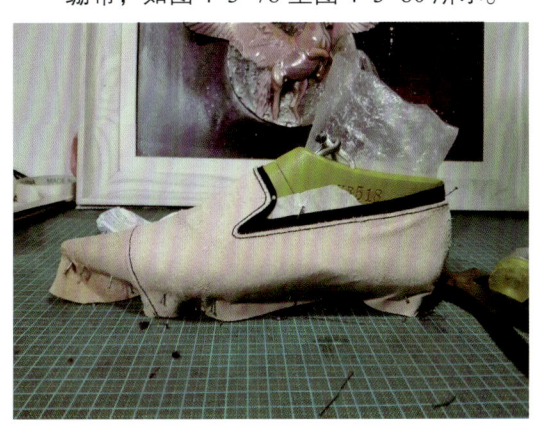

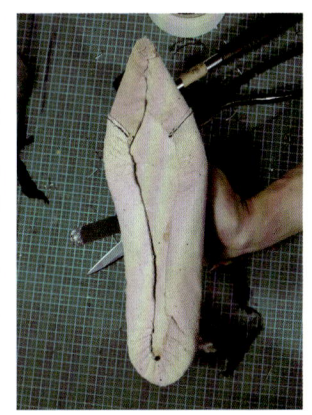

图 4-3-78　　　　　　　图 4-3-79　　　　　　　图 4-3-80

9. 刷胶贴底

刷胶贴底，如图 4-3-81 至图 4-3-84 所示。

制作完成，如图 4-3-85 所示。

图 4-3-81　　　　　　　图 4-3-82　　　　　　　图 4-3-83

图 4-3-84　　　　　　　　　　　　　　　图 4-3-85

鞋子的款式设计	高跟鞋款式设计效果图	时装鞋款式设计效果图	休闲鞋款式设计效果图
运动鞋款式设计效果图	靴子款式设计效果图	男鞋款式设计效果图	儿童鞋款式设计效果图

课后思考及习题

1. 扫描二维码了解鞋子的概述、造型设计、装饰设计并进行鞋子的作品欣赏；
2. 思考当前鞋子的制作材料主要有哪些；
3. 对近年来出现的爆款鞋子进行讨论；
4. 对不穿的鞋子进行旧物利用，发挥想象力，进行造型和装饰方面的改造；
5. 结合市场需求，设计一个系列的鞋子，3-5 款，配有设计说明。

鞋靴设计实战案例

项目五
其他服饰品

知识目标

1. 明确各类服饰品对人类生活的影响；
2. 掌握多种类型服饰品的设计原理，掌握设计创新思维的理论及方法；
3. 了解国际服饰品的前沿信息和国情需求。

能力目标

1. 具有时尚敏感度，能预测服饰品的行业流行趋势，洞察市场变化；
2. 独立完成产品设计与样板绘制，具备设计研究的能力；
3. 运用现代审美及时尚元素进行服饰品的创新设计。

素养目标

1. 深刻理解党和国家对当代青年的殷切希望，培养历史责任感，形成正确的学习观；
2. 通过设计与制作实践，培养知行合一的能力；
3. 培养家国情怀，具备一定的文化修养和道德修养，广泛践行社会主义核心价值观，把社会主义核心价值观融入设计作品中去。

服饰品除了首饰、帽子、箱包、鞋子之外，还包括诸如眼镜、领带、手套、披肩等品种。每种产品在设计和制作时，都要充分考虑材料的选取、工艺特点以及产品的用途。在产品设计的整个过程中，需要考虑产品对自然资源、环境的影响，可将循环回收、可重复利用等要素融入设计的各个环节中去，在满足环保要求的同时，兼顾产品应有的功能等。实现绿色设计。

服饰品与服装的搭配

任务一　手套的制作

成品规格：手套长 16.5 cm、宽 6.5 cm。
工具：10 号不锈钢毛衣针，针粗 4 mm。
材料：五股牛奶棉线，用量 20 g。
针法：下针（正针）、上针（反针）、左上 2 针交叉右 1 针、右上 2 针交叉左 1 针、左上 2 针交叉右 2 针。

一、起针

起 36 针，每个针上平均 12 针（具体的起针数可根据自己手的大小适当加减）。起针过程如图 5-1-1 至图 5-1-6 所示。

图 5-1-1 　　图 5-1-2 　　图 5-1-3 　　图 5-1-4 　　图 5-1-5 　　图 5-1-6

二、前后片

1. 2×2 编织方法

2 个正针和 2 个反针是一组花型，共循环 9 组，编织完第 36 针后，不需要翻面，因为手套是圆筒状，所以需要环形编织。继续第 2 行编织，第 2 行至第 10 行编织方法同第 1 行，如图 5-1-7 至图 5-1-9 所示。

图 5-1-7 　　图 5-1-8

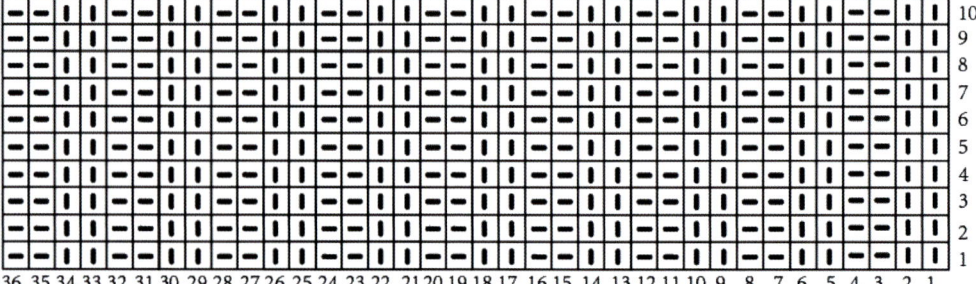

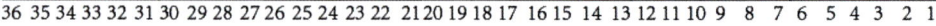

图 5-1-9

2．花型编织

（1）第11行：开始4个正针、4个反针、4个正针、4个反针、4个正针（这是手背正面花型），2个正针和2个反针是一组花型，共循环4组（这是反面手心的花型）。

（2）第12行到第16行编织方法同第11行。

（3）第17行：开始4个正针需要2针和2针交叉，交叉后再进行编织，4个反针正常编织，接下来的4个正针需要2针和2针交叉，交叉后再进行编织，然后再正常编织4个反针，4个正针需要2针和2针交叉，交叉后再进行编织，2个正针和2个反针是一组花型，共循环4组（图5-1-10至图5-1-13）。

图 5-1-10　　　　　图 5-1-11　　　　　图 5-1-12

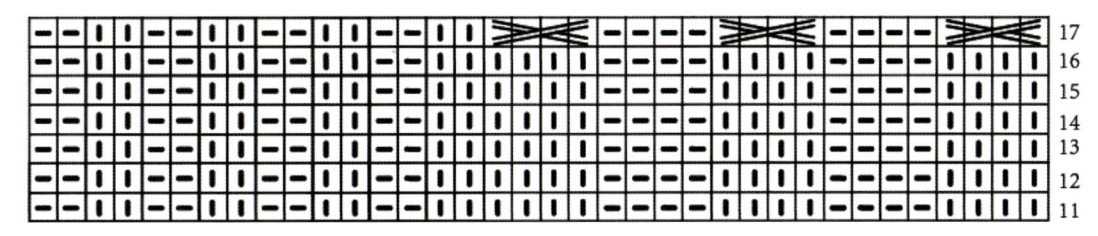

图 5-1-13

（4）第18行：4个正针、3个反针、1个反针和2个正针需要交叉后再进行编织（交叉时2个正针在上，1个反针在下），交叉后编织2个正针、1个反针，接下来的2个正针和1个反针进行交叉，交叉后编织3个正针，接着编织3个反针、4个正针，2个正针和2个反针是一组花型，共循环4组（图5-1-14至图5-1-19）。

图 5-1-14　　图 5-1-15　　图 5-1-16　　图 5-1-17　　图 5-1-18

图 5-1-19

（5）第31行至第36行是留口位置，需要一片式编织法，第31行正面编织，第32行需要翻转过来编织（图5-1-20至图5-1-22）。

图5-1-20 　　　　图5-1-21 　　　　　　　　　图5-1-22

（6）第37行至第40行：4个正针、4个反针、4个正针、4个反针、4个正针（这是手背正面花型），2个正针和2个反针是一组花型，共循环4组（这是反面手心的花型）。

（7）第41行至第50行：2个正针和2个反针是一组花型，共循环9组（图5-1-23和图5-1-24）。

图5-1-23 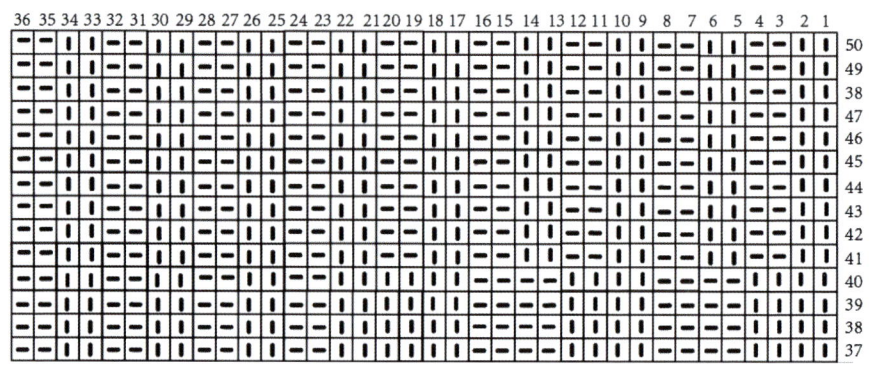　　　　　　　　　图5-1-24

三、收针

先编织2针，编织好的第1针从上至下绕到第2针前面减针，以此类推，如图5-1-25至图5-1-27所示。

四、成品展示

成品制作完成，如图5-1-28至图5-1-30所示。

图解完整版，如图5-1-31所示。

图5-1-25 　　图5-1-26 　　图5-1-27 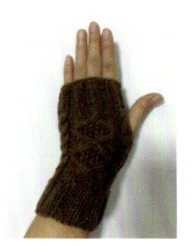　　图5-1-28 　　图5-1-29 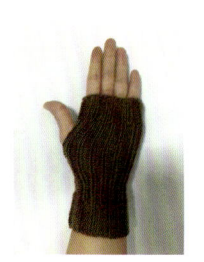　　图5-1-30

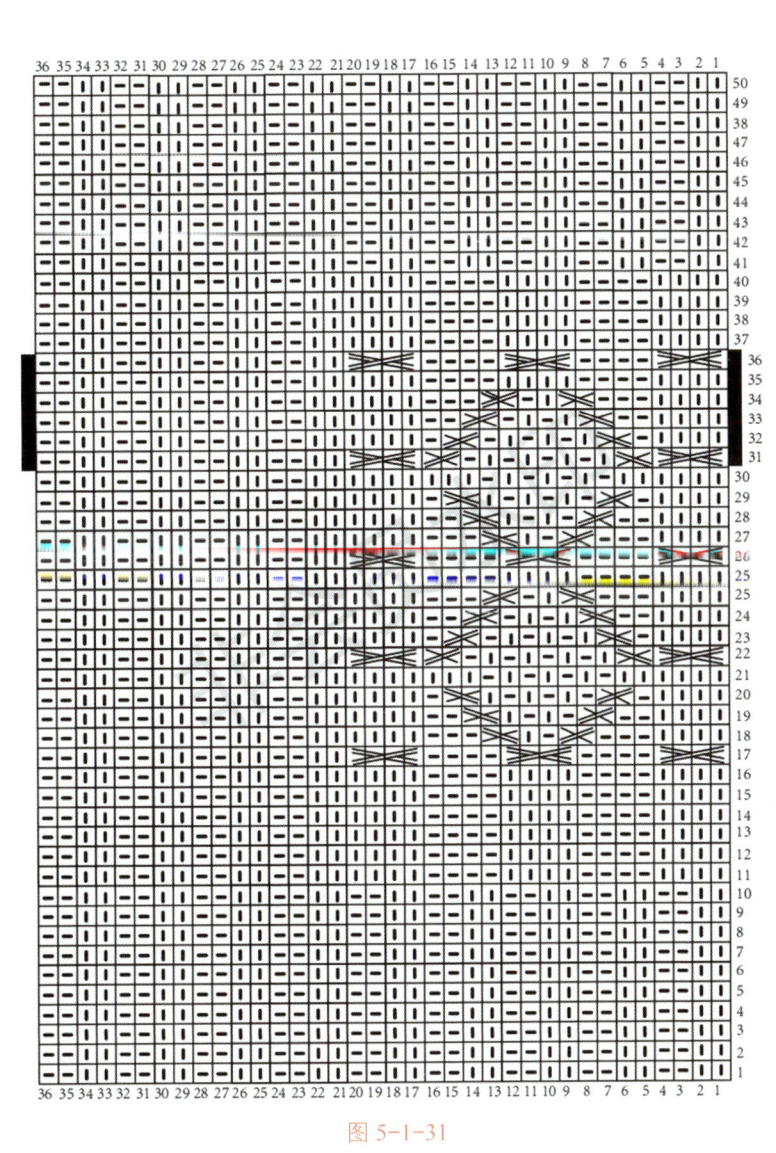

图 5-1-31

任务二　水母胸针的制作

本任务制作的水母胸针属于珠绣，珠绣属于法式刺绣的一种，大面积使用珠子、亮片、印度丝等材质缝制而成，种类繁多。学习制作这款水母胸针可以更好地了解法式刺绣。

一、材料、工具准备

需要准备无纺布、小羊皮、胸针配件、珠子、印度丝、爪钻、珍珠、水晶、管珠、胶水、消失笔、绣架、小弯剪、穿珠针等。

二、制作

（1）先将无纺布固定在绣架上，按照绣架的形状将多余的边修剪掉，将胸针的形状用消失笔画在无纺布上，以印度丝 0.5 mm 的针距按照画好的轮廓缝制（图 5-2-1 至图 5-2-3）。

水母胸针的制作

（2）使用印度丝把大体形状缝制好后，将管珠按照水母底部的形状缝制到无纺布上，管珠缝制好后将爪钻缝制在管珠上面，按照设计好的位置将珍珠固定在无纺布上，按照珍珠的形状剪4段印度丝并固定在无纺布上（图5-2-4）。

图 5-2-1

图 5-2-2

图 5-2-3

图 5-2-4

（3）缝制水母中间线条的部分。首先将两颗珠子缝到一起；然后从两颗珠子的中间位置穿到正面，穿过第二颗珠子，以此类推，如图5-2-5至图5-2-9所示。

图 5-2-5

图 5-2-6

图 5-2-7

图 5-2-8

图 5-2-9

（4）选择一些同色调的珠子和亮片，按照一颗珠子、一片亮片的方式混合缝制在无纺布上，将剩余的空白位置以此方式填充，如图 5-2-10 至图 5-2-13 所示。

（5）表面的珠子缝制好以后，将无纺布从绣架上取下，按照外部轮廓将多余的无纺布修剪掉，修剪完成后再剪一块同等大小、形状的皮子，底部留出约 0.5 mm 的边，如图 5-2-14 至图 5-2-16 所示。

（6）缝制水母感棍。留出 0.5 mm 边的位置缝制水母感棍，先将珠子按照一样的大小穿在一起，除了最下面的第一颗珠子不穿，将剩下的珠子从中心穿回去，缝制到一开始出针的位置上（图 5-2-17 至图 5-2-21）。注意：左右要对称。

图 5-2-10

图 5-2-11

图 5-2-12

图 5-2-13

图 5-2-14

图 5-2-15

图 5-2-16

图 5-2-17

图 5-2-18

图 5-2-19

图 5-2-20

图 5-2-21

（7）缝制水母触手。在第四个感棍的位置上缝制触手，依然从留出的 0.5 mm 边的位置出针，线上穿上大小、形状不等的珠子，可穿插缝制同色调的水晶，长短可不齐（图 5-2-22 和图 5-2-23）。

（8）把胸针缝制在剪好的皮子上，先将水母胸针背部均匀涂抹胶水，再将缝制好胸针的皮子与无纺布粘在一起（图 5-2-24 至图 5-2-26）。

（9）锁边。先将珠子穿在线里，针从后穿向前面，再将针从珠子里穿出，拽紧即可（图 5-2-27 至图 5-2-30）。

图 5-2-22 　　　　　　　图 5-2-23 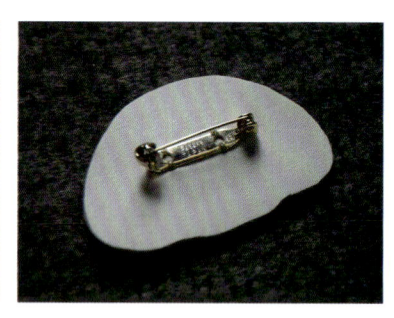　　　　　　　图 5-2-24

图 5-2-25 　　　　　　　图 5-2-26 　　　　　　　图 5-2-27

图 5-2-28 　　　　　　　图 5-2-29 　　　　　　　图 5-2-30

任务三　缠花胸针的制作

缠花是一种结合了剪纸、编织和刺绣的工艺技术。至今未发现官方史料记载，从部分地方志、民俗文化相关研究与耆老的口述中，大致可以推论最晚始于明清时期，属于一般的、地区性的民间工艺。它题材广泛，表现形式丰富，可以在各类服饰品中作为装饰，特别是与中国传统元素结合定能创作出大放光彩的作品。

一、材料、工具准备

需要准备蚕丝线、铜丝、卡纸、花蕊、直尺、铅笔、剪刀、钳子、树脂胶等。

二、制作过程

（1）先在准备好的卡纸上绘制直线，然后量取 2 cm 绘制出月牙形状，以此为基本形，用剪刀剪出 30 个相同的形状作为花朵的花瓣；再以此方法制作长 3 cm 的月牙形状，作为花叶（图 5-3-1 至图 5-3-3）。

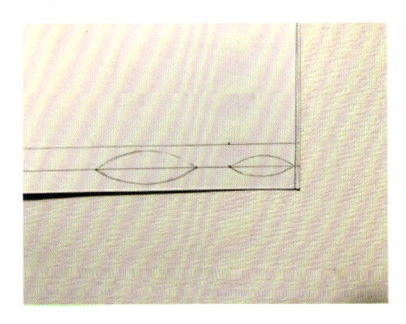

图 5-3-1 　　　　　　　　　　图 5-3-2 　　　　　　　　　　图 5-3-3

（2）取 1 根紫色蚕丝线，将其劈丝后备用；取长度约 30 cm 的铜丝，以顺时针方向将蚕丝线缠绕于铜丝一端，约 1 cm 再反向缠绕 0.6 cm 左右，取一片花叶置于铜丝上端，以顺时针方向将卡纸与铜丝缠绕在一起，一片花叶完成以后，将蚕丝线继续缠绕于铜丝约 0.5 cm 后再缠绕一片花叶；完成以后将两片花叶对折，用钳子修整其形状；在蚕丝线结尾处可用树脂胶粘好。以此类推，三个花叶为一组，制作三组同样的花叶（图 5-3-4 至图 5-3-12）。

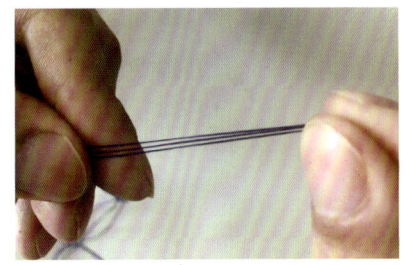

图 5-3-4 　　　　　　　　　　图 5-3-5 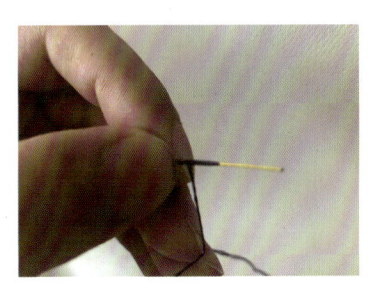　　　　　　　　　　图 5-3-6

图 5-3-7 　　　　　　　　　　图 5-3-8 　　　　　　　　　　图 5-3-9

图 5-3-10 　　　　　　　　　图 5-3-11 　　　　　　　　　图 5-3-12

（3）用同样的方法制作花瓣，花瓣的数量可以根据花朵的形状调整，此处以五瓣花朵为例；花瓣缠好后将准备好的花蕊用蚕丝线固定，调整后将花瓣平均分布绕于花蕊周围，最后将剩余的蚕丝线缠绕于花杆处。以此方法制作3个花朵（图5-3-13至图5-3-18）。

图 5-3-13 　　　　　　　　　图 5-3-14 　　　　　　　　　图 5-3-15

图 5-3-16 　　　　　　　　　图 5-3-17 　　　　　　　　　图 5-3-18

（4）将缠好的花束与花叶组合在一起形成一个整体造型（图5-3-19至图5-3-23）。

图 5-3-19 　　　　　　　　　图 5-3-20 　　　　　　　　　图 5-3-21

图 5-3-22 　　　　　　　　　图 5-3-23

| 缠花工艺 | 缠花胸针的制作 | 海浪耳环的制作 | 其他服饰品作品 |

课后思考及习题

1. 搜集服饰品图片，讨论每类服饰品对整体服饰造型的影响；
2. 扫描二维码了解服装与服饰的搭配；
3. 扫描二维码观看缠花工艺胸针、刺绣胸针及水母耳环的制作视频；
4. 以小组为单位，进行服饰品搭配的练习；
5. 讨论随着社会的发展，哪些服饰品退出了历史舞台，又出现了哪些新的服饰品。

参考文献

[1] 李晓蓉. 服饰品设计与制作[M]. 重庆：重庆大学出版社，2010.

[2] 曾强，奚源，蔡晓艳. 服饰品设计教程[M]. 重庆：西南师范大学出版社，2014.

[3] 冯素杰，邓鹏举. 服饰配件设计与制作[M]. 北京：化学工业出版社，2011.

[4] 陈东生，王秀彦. 新编服装配饰学[M]. 北京：中国轻工业出版社，2004.

[5] 李春晓. 时尚箱包设计与制作流程[M]. 北京：化学工业出版社，2018.

[6] 王立新. 箱包艺术设计[M]. 北京：化学工业出版社，2006.

[7] [英]克伦·亨里克森. 时尚女帽设计与工艺[M]. 马玲，译. 北京：中国纺织出版社，2013.

[8] https：//www.pop-fashion.com.